DS SOLIDWORKS

SOLIDWORKS® 公司官方指定培训教程

CSWP　　全球专业认证考试培训教程

官方指定

TRAINING

SOLIDWORKS®
PDM使用教程
（2020版）

[法] DS SOLIDWORKS®公司　著

胡其登　戴瑞华　主编

杭州新迪数字工程系统有限公司　编译

机械工业出版社
CHINA MACHINE PRESS

《SOLIDWORKS® PDM 使用教程(2020 版)》是根据 DS SOLIDWORKS®公司发布的《SOLIDWORKS® PDM 2020 Training Manuals：Using SOLID-WORKS PDM CAD Editor》和《SOLIDWORKS® PDM 2020 Training Manuals：Using SOLIDWORKS PDM Contributor》编译而成的，着重介绍了 SOLIDWORKS PDM 客户端的使用方法，指导用户在 SOLIDWORKS 客户端插件和 Windows 操作系统两种 PDM 集成环境下管理 CAD 文件和 Word 等非 CAD 文件。本教程提供练习文件下载，详见"本书使用说明"。本教程提供高清语音教学视频，扫描书中二维码即可免费观看。

本教程在保留英文原版教程精华和风格的基础上，按照中国读者的阅读习惯进行了编译，配套教学资料齐全，适合企业工程设计人员和大专院校、职业院校相关专业的师生使用。

北京市版权局著作权合同登记 图字：01-2020-3368 号。

图书在版编目（CIP）数据

SOLIDWORKS® PDM 使用教程：2020 版/法国 DS SOLIDWORKS®公司著；胡其登，戴瑞华主编. —北京：机械工业出版社，2020.7（2023.4 重印）
SOLIDWORKS®公司官方指定培训教程　CSWP 全球专业认证考试培训教程
ISBN 978 - 7 - 111 - 66007 - 1

Ⅰ.①S… Ⅱ.①法…②胡…③戴… Ⅲ.①计算机辅助设计 – 应用软件 – 教材　Ⅳ.①TP391.72

中国版本图书馆 CIP 数据核字（2020）第 118301 号

机械工业出版社（北京市百万庄大街22 号　邮政编码100037）
策划编辑：张雁茹　　　　责任编辑：张雁茹
责任校对：刘丽华　李锦莉　封面设计：陈　沛
责任印制：郜　敏
北京盛通商印快线网络科技有限公司印刷
2023 年 4 月第 1 版·第 5 次印刷
184mm×260mm·6.25 印张·162 千字
标准书号：ISBN 978 - 7 - 111 - 66007 - 1
定价：35.00 元

电话服务　　　　　　　　　网络服务
客服电话：010-88361066　机　工　官　网：www.cmpbook.com
　　　　　010-88379833　机　工　官　博：weibo.com/cmp1952
　　　　　010-68326294　金　书　网：www.golden-book.com
封底无防伪标均为盗版　　机工教育服务网：www.cmpedu.com

序

尊敬的中国 SOLIDWORKS 用户：

　　DS SOLIDWORKS® 公司很高兴为您提供这套最新的 SOLIDWORKS® 中文官方指定培训教程。我们对中国市场有着长期的承诺，自从 1996 年以来，我们就一直保持与北美地区同步发布 SOLIDWORKS 3D 设计软件的每一个中文版本。

　　我们感觉到 DS SOLIDWORKS® 公司与中国用户之间有着一种特殊的关系，因此也有着一份特殊的责任。这种关系是基于我们共同的价值观——创造性、创新性、卓越的技术，以及世界级的竞争能力。这些价值观一部分是由公司的共同创始人之一李向荣（Tommy Li）所建立的。李向荣是一位华裔工程师，他在定义并实施我们公司的关键性突破技术以及在指导我们的组织开发方面起到了很大的作用。

　　作为一家软件公司，DS SOLIDWORKS® 致力于带给用户世界一流水平的 3D 解决方案（包括设计、分析、产品数据管理、文档出版与发布），以帮助设计师和工程师开发出更好的产品。我们很荣幸地看到中国用户的数量在不断增长，大量杰出的工程师每天使用我们的软件来开发高质量、有竞争力的产品。

　　目前，中国正在经历一个迅猛发展的时期，从制造服务型经济转向创新驱动型经济。为了继续取得成功，中国需要相配套的软件工具。

　　SOLIDWORKS® 2020 是我们最新版本的软件，它在产品设计过程自动化及改进产品质量方面又提高了一步。该版本提供了许多新的功能和更多提高生产率的工具，可帮助机械设计师和工程师开发出更好的产品。

　　现在，我们提供了这套中文官方指定培训教程，体现出我们对中国用户长期持续的承诺。这套教程可以有效地帮助您把 SOLIDWORKS® 2020 软件在驱动设计创新和工程技术应用方面的强大威力全部释放出来。

　　我们为 SOLIDWORKS 能够帮助提升中国的产品设计和开发水平而感到自豪。现在您拥有了功能丰富的软件工具以及配套教程，我们期待看到您用这些工具开发出创新的产品。

Gian Paolo Bassi

DS SOLIDWORKS® 公司首席执行官

2020 年 3 月

胡其登　现任 DS SOLIDWORKS®公司大中国区技术总监

胡其登先生毕业于北京航空航天大学，先后获得"计算机辅助设计与制造（CAD/CAM）"专业工学学士、工学硕士学位，毕业后一直从事 3D CAD/CAM/PDM/PLM 技术的研究与实践、软件开发、企业技术培训与支持、制造业企业信息化的深化应用与推广等工作，经验丰富，先后发表技术文章 20 余篇。在引进并消化吸收新技术的同时，注重理论与企业实际相结合。在给数以百计的企业进行技术交流、方案推介和顾问咨询等工作的过程中，对如何将 3D 技术成功应用到中国制造业企业的问题，形成了自己的独到见解，总结出了推广企业信息化与数字化的最佳实践方法，帮助众多企业从 2D 平滑地过渡到了 3D，并为企业推荐和引进了 PDM/PLM 管理平台。作为系统实施的专家与顾问，以自身的理论与实践的知识体系，帮助企业成为 3D 数字化企业。

胡其登先生作为中国较早使用 SOLIDWORKS 软件的工程师，酷爱 3D 技术，先后为 SOLIDWORKS 社群培训培养了数以百计的工程师，目前负责 SOLIDWORKS 解决方案在大中国区全渠道的技术培训、支持、实施、服务及推广等全面技术工作。

前言

DS SOLIDWORKS®公司是一家专业从事三维机械设计、工程分析、产品数据管理软件研发和销售的国际性公司。SOLID-WORKS 软件以其优异的性能、易用性和创新性，极大地提高了机械设计工程师的设计效率和设计质量，目前已成为主流 3D CAD 软件市场的标准，在全球拥有超过 600 万的用户。DS SOLIDWORKS®公司的宗旨是：to help customers design better products and be more successful——让您的设计更精彩。

"SOLIDWORKS®公司官方指定培训教程"是根据 DS SOLID-WORKS®公司最新发布的 SOLIDWORKS® 2020 软件的配套英文版培训教程编译而成的，也是 CSWP 全球专业认证考试培训教程。本套教程是 DS SOLIDWORKS®公司唯一正式授权在中国大陆出版的官方指定教程，也是迄今为止出版的最为完整的 SOLIDWORKS®公司官方指定培训教程。

本套教程详细介绍了 SOLIDWORKS® 2020 软件的功能，以及使用该软件进行三维产品设计、工程分析的方法、思路、技巧和步骤。值得一提的是，SOLIDWORKS® 2020 软件不仅在功能上进行了 400 多项改进，更加突出的是它在技术上的巨大进步与创新，从而可以更好地满足工程师的设计需求，带给新老用户更大的实惠！

《SOLIDWORKS® PDM 使用教程（2020 版）》是根据 DS SOLIDWORKS®公司发布的《SOLIDWORKS® PDM 2020 Training Manuals：Using SOLIDWORKS PDM CAD Editor》和《SOLID-WORKS® PDM 2020 Training Manuals：Using SOLIDWORKS PDM Contributor》编译而成的，着重介绍了 SOLIDWORKS PDM 客户

戴瑞华 现任 DS SOLIDWORKS® 公司大中国区 CAD 事业部高级技术经理

戴瑞华先生拥有 25 年以上机械行业从业经验，曾服务于多家企业，主要负责设备、产品、模具以及工装夹具的开发和设计。其本人酷爱 3D CAD 技术，从 2001 年开始接触三维设计软件，并成为主流 3D CAD SOLIDWORKS 的软件应用工程师，先后为企业和 SOLIDWORKS 社群培训了成百上千的工程师。同时，他利用自己多年的企业研发设计经验，总结出了在中国的制造业企业应用 3D CAD 技术的最佳实践方法，为企业的信息化与数字化建设奠定了扎实的基础。

戴瑞华先生于 2005 年 3 月加入 DS SOLIDWORKS® 公司，现负责 SOLIDWORKS 解决方案在大中国区的技术培训、支持、实施、服务及推广等，实践经验丰富。其本人一直倡导企业构建以三维模型为中心的面向创新的研发设计管理平台、实现并普及数字化设计与数字化制造，为中国企业最终走向智能设计与智能制造进行着不懈的努力与奋斗。

端的使用方法，指导用户在 SOLIDWORKS 客户端插件和 Windows 操作系统两种 PDM 集成环境下管理 CAD 文件和 Word 等非 CAD 文件。

本套教程在保留英文原版教程精华和风格的基础上，按照中国读者的阅读习惯进行了编译，使其变得直观、通俗，让初学者易上手，让高手的设计效率和质量更上一层楼！

本套教程由 DS SOLIDWORKS® 公司大中国区技术总监胡其登先生和 CAD 事业部高级技术经理戴瑞华先生共同担任主编，由杭州新迪数字工程系统有限公司副总经理陈志杨负责审校。承担编译、校对和录入工作的有钟序人、唐伟、李鹏、叶伟等杭州新迪数字工程系统有限公司的技术人员。杭州新迪数字工程系统有限公司是 DS SOLIDWORKS® 公司的密切合作伙伴，拥有一支完整的软件研发队伍和技术支持队伍，长期承担着 SOLIDWORKS 核心软件研发、客户技术支持、培训教程编译等方面的工作。本教程的操作视频由 SOLIDWORKS PDM 高级咨询顾问樊浤生制作。在此，对参与本套教程编译和视频制作的工作人员表示诚挚的感谢。

由于时间仓促，书中难免存在疏漏和不足之处，恳请广大读者批评指正。

胡其登　戴瑞华
2020 年 3 月

本书使用说明

关于本书

本书的目的是让读者学习如何使用 SOLIDWORKS PDM 来正确地创建、查询、编辑以及在相关流程中正确传送文件。

本书着重于基础性内容及使用技巧的介绍，以便读者可以有效使用 SOLIDWORKS PDM。本书作为在线帮助系统的一个有益补充，不可能完全替代软件自带的在线帮助系统。读者在对 SOLIDWORKS® 2020 软件的基本使用技能有了较好的了解之后，就能够参考在线帮助系统获得其他常用命令的信息，进而提高应用水平。

本书的读者对象是需要使用 SOLIDWORKS PDM 来进行文件管理的用户。

前提条件

读者在学习本书前，应该具备如下经验：
- SOLIDWORKS 文件结构和文件引用方面的知识。
- 使用 Windows 操作系统的经验。

编写原则

SOLIDWORKS PDM 是一个高配置产品。因此，每个公司的文件库、项目结构、数据卡以及工作流程都会不同。本书的各章节中介绍了 SOLIDWORKS PDM 必要的、一般性内容，在每个章节里都包含 SOLIDWORKS PDM 单项功能的技术细节。

本书是基于过程或任务的方法而设计的培训教程，并不专注于介绍单项特征和软件功能。本书强调的是完成一项特定任务所应遵循的过程和步骤。通过对每一个应用实例的学习来演示这些过程和步骤，读者将学会为了完成一项特定的设计任务应采取的方法，以及所需要的命令、选项和菜单。

知识卡片

除了每章的研究实例和练习外，书中还提供了可供读者参考的"知识卡片"。这些知识卡片提供了软件使用工具的简单介绍和操作方法，可供读者随时查阅。

使用方法

本书的目的是希望读者在有 SOLIDWORKS 使用经验的教师指导下，在培训课中进行学习；希望读者通过"教师现场演示本书所提供的实例，学生跟着练习"的交互式学习方法，掌握软件的功能。

读者可以使用练习题来应用和练习书中讲解的或教师演示的内容。本书设计的练习题代表了典型的设计和建模情况，读者完全能够在课堂上完成。应该注意到，不同的人学习速度是不同的，因此，书中所列出的练习题比一般读者能在课堂上完成的要多，这确保了学习能力强的读者也有练习可做。

标准、名词术语及单位

SOLIDWORKS 软件支持多种标准，如中国国家标准（GB）、美国国家标准（ANSI）、国际标准（ISO）、德国国家标准（DIN）和日本国家标准（JIS）。本书中的例子和练习基本上采用了中国国家标准（除个别为体现软件多样性的选项外）。为与软件保持一致，本书中一些名词术语和计量单位未与中国国家标准保持一致，请读者使用时注意。

练习文件下载方式

读者可以从网络平台下载本教程的练习文件，具体方法是：微信扫描右侧或封底的"机械工人之家"微信公众号，关注后输入"2020PS"即可获取下载地址。

机械工人之家

视频观看方式

扫描书中二维码可在线观看视频，二维码位于"操作步骤"处，可使用手机或平板电脑扫码观看，也可复制手机或平板电脑扫码后的链接到计算机的浏览器中，用浏览器观看。

Windows 操作系统

本书所用的截屏图片是 SOLIDWORKS® 2020 运行在 Windows® 10 时制作的。

格式约定

本书使用下表所列的格式约定：

约　　定	含　　义	约　　定	含　　义
【插入】/【凸台】	表示 SOLIDWORKS 软件命令和选项。例如，【插入】/【凸台】表示从菜单【插入】中选择【凸台】命令	⚠ 注意	软件使用时应注意的问题
提示 ☝	要点提示	操作步骤 步骤1 步骤2 步骤3	表示书中实例设计过程的各个步骤
技巧 🗝	软件使用技巧		

色彩问题

SOLIDWORKS® 2020 英文原版教程是采用彩色印刷的，而我们出版的中文版教程则采用黑白印刷，所以本书对英文原版教程中出现的颜色信息做了一定的调整，以尽可能地方便读者理解书中的内容。

更多 SOLIDWORKS 培训资源

my. solidworks. com 提供更多的 SOLIDWORKS 内容和服务，用户可以在任何时间、任何地点，使用任何设备查看。用户也可以访问 my. solidworks. com/training，按照自己的计划和节奏来学习，以提高 SOLIDWORKS 技能。

用户组网络

SOLIDWORKS 用户组网络（SWUGN）有很多功能。通过访问 swugn. org，用户可以参加当地的会议，了解 SOLIDWORKS 相关工程技术主题的演讲以及更多的 SOLIDWORKS 产品，或者与其他用户通过网络进行交流。

目　　录

IX

第1章 SOLIDWORKS PDM 的相关概念

学习目标

- 描述 SOLIDWORKS PDM 与文件管理有关的基本概念
- 了解 SOLIDWORKS PDM 软件中各种不同的组件

1.1 PDM 的基本功能

产品数据管理(PDM)系统提供以下基本功能:

1) 组织产品、项目文件。

2) 文件库安全与检索、文件版本与修订管理。

3) 更改权限控制与数据共享。

4) 搜索与报表。

5) 跟踪文件参考引用("包含"和"使用处")。

6) 自动审批跟踪。

1.2 SOLIDWORKS PDM 的定义

SOLIDWORKS PDM 是一种产品数据管理(PDM)系统的软件解决方案。它可以帮助企业更有效地管理和共享产品数据,通过自动化的流程更好地协同产品开发与销售环节,使产品具有更好的质量、更低的成本和更短的开发周期。

SOLIDWORKS PDM 的应用对象为工程师、设计师、制造商、供应商、销售人员、市场人员以及其他相关人员。管理的数据包括设计模型、工程图纸$^{\ominus}$、项目计划、零件模型、装配图、产品规格、数控加工程序、分析结果、函件、材料明细表以及其他类型的文件。

1.3 SOLIDWORKS PDM 概述

SOLIDWORKS PDM 提供了一套安全的工作方法,其基本观点为:

1) 文件保存在文件库中。

2) 用户在受控的情况下访问文件库。

3) 用户可检出或直接打开文件库中的文件。

4) 所有需要的文件被复制到本地缓存(库视图)。

5) 用户基于本地文件工作。

$\ominus$ 为了与 SOLIDWORKS 软件一致,本书中的"图纸"和"图样"统一称为"图纸"。——编者注

6）检出的文件只有被修改过才需要重新检入到文件库中。

7）当文件准备好以后，可被提交到自动的工作流程以便校对审批。

1.4　SOLIDWORKS PDM 的组件

SOLIDWORKS PDM 包含以下必要组件（系统安装图见图 1-1）：

• Microsoft SQL Server：SOLIDWORKS PDM 数据库服务器必须基于 Microsoft SQL Server 数据库。SOLIDWORKS PDM 数据库包含文件库中存储文件的信息，包括用户信息、文件数据、版本及修订信息。

• SOLIDWORKS PDM 数据库服务器：SOLIDWORKS PDM 数据库服务器将周期性地从数据库中获取更新，用作通知、本地视图刷新、文件库复制计划更新以及索引服务器变更等。

• SOLIDWORKS PDM 存档服务器（文件库）：SOLIDWORKS PDM 存档服务器处理保存在文件库中的文件，并管理 SOLIDWORKS PDM 用户及其相关信息。

• SOLIDWORKS PDM 客户端：每一台需要访问文件库的机器上都必须安装客户端软件。

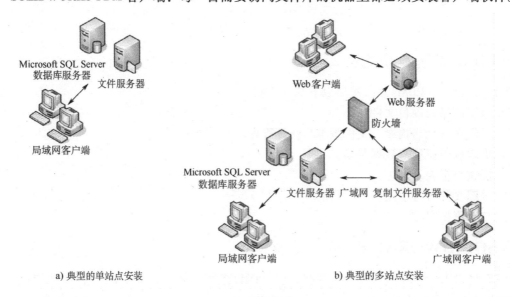

a) 典型的单站点安装　　　　　　　　　　　　b) 典型的多站点安装

图1-1　系统安装图

SOLIDWORKS PDM 还提供以下可选组件：

• SOLIDWORKS PDM Web 服务器：SOLIDWORKS PDM Web 服务器允许用户通过互联网或局域网访问文件库。

• SOLIDWORKS PDM 索引服务器：SOLIDWORKS PDM 索引服务器提供对 SOLIDWORKS PDM 文件库中各类文件的全面搜索功能。

1.5　SOLIDWORKS PDM 的模块

以下是 SOLIDWORKS PDM 的关键模块。

1.5.1　文件库

所有添加到 PDM 的文件都保存在文件库中，文件库包括存储文件的存档库和存储元数据的数据库。只有具备相应权限的用户才能编辑库中的文件。当一个文件正在被编辑时，其他用户仍可以浏览或复制该文件，但不能编辑。

1.5.2　文件库视图

在 SOLIDWORKS PDM 中，所有用户都是通过本地文件库视图连接到文件库来管理文件的，文件库视图直接连接到存档服务器和数据库服务器。

运行 SOLIDWORKS PDM，浏览器中的库视图显示了保存在文件库服务器中的文件和文件夹。在用户看来，文件库中所有的文件就像保存在本地硬盘上一样。

1.5.3　工作文件夹（缓存）

当一个文件从 SOLIDWORKS PDM 文件库中调出时，会在工作文件夹或当地硬盘缓存中留下一个备份文件。再次访问此文件时，SOLIDWORKS PDM 将检查它是否在工作文件夹里。如果存在，并且是当前版本，SOLIDWORKS PDM 便不会再从文件库里把它调出，这是由于当地硬盘上的工作文件夹充当了一个缓存空间。当修改后的文件被保存到文件库中时，用户可以在工作文件夹中保存一个只读的备份或删除当地备份。

1.5.4　访问权限

每个用户或用户组都需要有权限才能访问保存在 SOLIDWORKS PDM 文件库中的文件。可以被授予的权限有以下几种：

- 读取或浏览文件。
- 在文件夹之间共享文件。
- 检出文件用于编辑。
- 从视图中删除文件。
- 销毁文件，如从 SOLIDWORKS PDM 文件库中永久地删除文件。
- 添加或重命名文件。
- 修改文件数据卡，如改变文件关联的数据卡的界面布局。

1.5.5　SOLIDWORKS PDM 的"智能"文件

SOLIDWORKS PDM 可以处理所有类型的文件，如：

- 工程图纸（如". slddrw"". dwg"等）。
- 零件和装配体模型（如". sldprt"". sldasm"等）。
- 电子表格（如". xls"等）。
- 文本文件（如". doc"". txt"等）。
- 图片文件（如". bmp"". gif"". jpg"等）。

为文件库中的文件添加附加属性信息（元数据）后，文件就变得"智能"了（如为文件添加零件图号、描述、制图等属性）。

1.5.6　SOLIDWORKS PDM 的"智能"文件夹

为文件夹添加属性信息（元数据）也能使文件夹变得"智能"（如为文件夹添加项目编号、项目描述、项目经理等属性）。文件夹可以包含"智能"文件，也可包含"智能"文件夹。

1.5.7　文件数据卡

SOLIDWORKS PDM 中的每个文件都有一个附加的文件数据卡，其中包含文件的相关信息。

数据卡的布局和内容是根据文件类型来定义的，其可以由系统管理员定义，也可以是文件夹特性，即数据卡的布局可以由父文件夹继承而来，也可以在子文件夹中重新定义。

1.5.8　文件夹数据卡

SOLIDWORKS PDM 中的每个文件夹都有一个附加的文件夹数据卡，其中包含文件夹的相关信息。

数据卡由系统管理员定义，具有文件夹关联特性。对于一个用于 SOLIDWORKS PDM 文件库的文件夹数据卡，任何添加进文件夹的文件数据卡信息可以根据所在文件夹的数据卡来完善。例如，文件的项目相关信息可以从项目文件夹的数据卡中获取。

1.5.9　工作流程

工作流程是根据用户定制的，反映了工作组、部门和企业等实际的内部工作流程。

工作流程通过两个概念来定义：

- 状态：表示文件生命周期中每个不同的阶段。
- 变换：表示文件从一个状态流向下一个状态。

任何时候，每个文件都处于流程中的一个确切的位置(当前状态)。

每个状态可以具有用户和用户组访问权限的单独设置，用于定义哪些用户在此状态下对文件有怎样的操作。每个变换也包含一些规则，指示谁可以改变文件的状态。

工作流程中至少有一个状态，即初始状态。所有在 SOLIDWORKS PDM 中创建或复制到其中的文件将被指定到这个状态。

1.5.10　通知

通知是发给用户或用户组的消息，可以随文件状态的改变自动发送，也可以由用户手动发送。其目的是当文件状态发生改变或新文件发布时，通知、提醒或警告用户。通知会以弹出对话框的形式显示。

1.5.11　版本与修订版

一个文件至少有一个版本，文件在 SOLIDWORKS PDM 文件库中的每一次修改、保存都会生成一个新版本，系统会给每个版本指定一个版本号，在 SOLIDWORKS PDM 文件库中保存的文件可以有任意数量的版本号。当完成对文件的编辑后，文件的最终版本可以被指定为企业实际的修订版本号。用户可以从文件库中检索文件的早期版本，也可以使文件恢复到早期版本。

第2章 SOLIDWORKS PDM 的用户界面

学习目标
- 登录 SOLIDWORKS PDM 文件库
- 认识 SOLIDWORKS PDM 用户界面的主要组成
- 注销 SOLIDWORKS PDM 文件库

可以通过 SOLIDWORKS PDM CAD Editor 客户端、SOLIDWORKS PDM Contributor 客户端、SOLIDWORKS PDM Contributor Web 客户端或者 SOLIDWORKS PDM Viewer 客户端来访问文件库。

本章主要介绍通过 SOLIDWORKS PDM CAD Editor 客户端访问文件库，此客户端一般用于创建和管理 CAD 文件以及非 CAD 文件。

SOLIDWORKS PDM CAD Editor 提供基于 Windows 集成和 CAD 应用程序插件的客户端，可供设计人员创建、访问及管理设计数据。

2.1 SOLIDWORKS PDM 帮助

随 SOLIDWORKS PDM 安装的 HTML 格式的帮助文件，提供了改进的搜索与显示功能。

知识卡片

操作方法
- 在 Windows 资源管理器中，单击【帮助】/【SOLIDWORKS PDM 帮助】。
- 在 SOLIDWORKS 中，单击【帮助】/【SOLIDWORKS PDM 帮助主题】。

2.2 浏览器窗口

所有与 SOLIDWORKS PDM 的交互，可直接通过 Windows 资源管理器、弹出的对话框或者 CAD 程序中的插件来进行。安装完成后，可以看到文件库的客户端视图图标，如图 2-1 所示。

图 2-1　文件库客户端视图图标

客户端视图图标为一个 SOLIDWORKS PDM 的"蓝色浆果"图标，即" ACME "标识。

2.3 登录

在使用 SOLIDWORKS PDM 进行文件管理之前，必须登录到系统。

1. 首次登录 通过客户端视图浏览 SOLIDWORKS PDM 文件库时（单击图标"🎯 Training"），将提示输入用户名称及密码，且必须从 Windows 资源管理器或者从应用程序的【打开】或【保存】对话框登录。

输入用户名称、密码，单击【登录】，如图 2-2 所示。

有些情况下，SOLIDWORKS PDM 会使用 Windows 系统的用户名称及密码登录。此时将不会出现登录界面，而是延迟一会儿以执行登录操作。

2. 可选的登录方式 也可以选择用右键单击图标"🎯 ACME"，再选择【登录】，如图 2-3 所示。

另一种登录的方法是用右键单击屏幕下方任务栏中的 SOLIDWORKS PDM 图标，展开菜单，选择【登录】后会列出所有可访问的文件库，如图 2-4 所示。选择要登录的文件库，输入用户名称、密码，单击【登录】即可。

图 2-2　登录界面

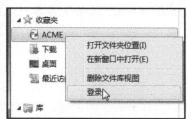

图 2-3　登录菜单

图 2-4　可访问的文件库

2.4　学习实例：浏览 SOLIDWORKS PDM

本实例将介绍 SOLIDWORKS PDM 的用户界面和功能。登录一个文件库，浏览其中各个项目文件夹下的文件，并且检查所在文件夹和相关文件的属性。

操作步骤

扫码看视频

步骤 1　登录文件库 打开 Windows 资源管理器窗口，登录 SOLID-WORKS PDM 文件库。

浏览 C 盘，系统管理员已经创建了一个连接到"ACME"库的本地文件库视图，如图 2-5 所示。双击文件库视图图标"🎯 ACME"。输入用户名称、密码，单击【登录】（学生的用户名称及密码由老师分配），如图 2-6 所示。

如图 2-7 所示，可以看到文件库中的项目文件夹。

图 2-5　本地文件库视图

图 2-6　登录界面

图 2-7　项目文件夹

1. 文件夹状态　文件夹的颜色表示其在 SOLIDWORKS PDM 中所处的状态。

知识卡片	绿色	表示文件夹在文件库中，可以访问文件库中的数据。
	蓝色	表示文件夹在文件库中，但是当前用户处在脱机模式，可登录或右键单击一个文件夹，选择【联机工作】。
	灰色	表示文件夹在本地硬盘，但不在文件库的数据库中，可单击右键并选择【添加到文件库】。
	黄色	表示当地文件夹不在文件库的本地视图中，即不在文件库中。

2. 用户界面的构成　用户界面包括以下内容：

● Windows 资源管理器工具栏：Windows 资源管理器工具栏包含的命令适用于用户在文件库以及文件夹中选择的文件或文件夹视图，如图 2-8 所示。

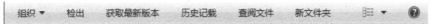

| 组织 ▼ | 检出 | 获取最新版本 | 历史记载 | 查阅文件 | 新文件夹 | 目录 ▼ | ❓ |

图 2-8　Windows 资源管理器工具栏

● SOLIDWORKS PDM 特殊菜单：除了 Windows 资源管理器工具栏外，SOLIDWORKS PDM 还有用于管理文件的特殊菜单，如图 2-9 所示。

| 操作　修改　显示　工具 | | 在 当前文件夹 中搜索 | 🔍 ▼ | 🔍 | 👤 |

图 2-9　特殊菜单

● 右键菜单：与上下文相关的功能也存在于文件、文件夹和空白处的右键菜单中，如图 2-10 所示。

图 2-10　右键菜单

步骤 2　浏览文件夹　选取"Projects"文件夹，并将其展开，如图 2-11 所示。

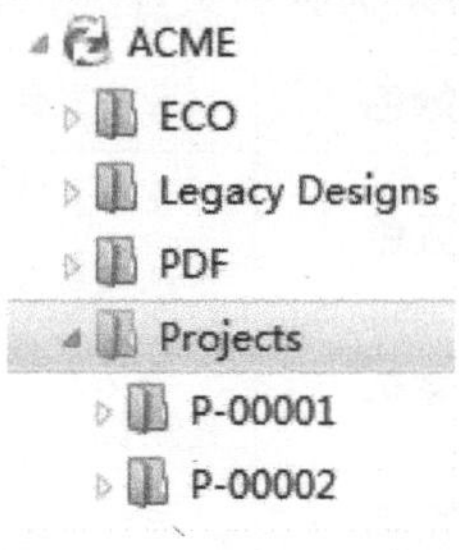

◢ 🌐 ACME
  ▷ 📁 ECO
  ▷ 📁 Legacy Designs
  ▷ 📁 PDF
  ◢ 📁 Projects
    ▷ 📁 P-00001
    ▷ 📁 P-00002

图 2-11　"Projects"文件夹

8

2.5　SOLIDWORKS PDM 用户界面的布局

在 Windows 资源管理器中浏览下列界面（见图 2-12）：

1）文件夹视图区——显示文件夹、子文件夹和库视图。

2）文件视图区——显示所选文件夹中的文件和文件夹。

3）预览——显示选中文件的预览情况。

4）数据卡——显示具体类型数据卡的属性。

5）版本——显示用户所获得文件的当前版本及其在工作流程中的当前状态。

6）材料明细表——显示文件、子装配和组件的配置列表。

7）包含——显示附加到所选文件的所有文件。

8）使用处——显示参考引用过所选文件的所有文件。

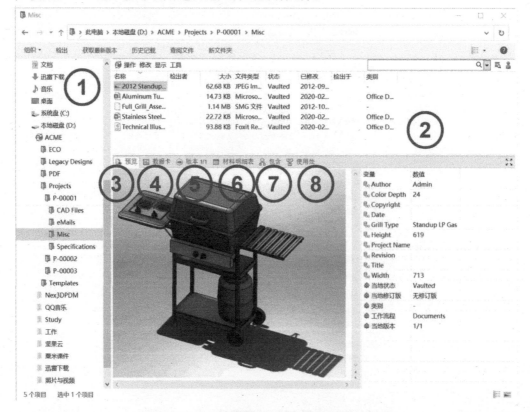

图 2-12　SOLIDWORKS PDM 用户界面的布局

步骤3 查看文件夹和【数据卡】选项卡 在文件视图区中选取文件夹"P-00001",然后单击【数据卡】选项卡。

注意显示出的项目相关信息,如 Project Number(项目代号)、Customer(客户)、Project Manager(项目经理)等,如图 2-13 所示。

提示 项目代号由可选号码自动生成,因此用户可能会看到不同的项目代号。

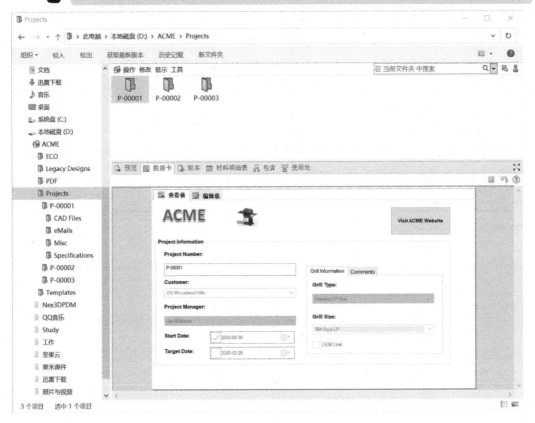

图 2-13 查看【数据卡】

步骤4 浏览项目文件 在文件视图区中双击文件夹"P-00001",显示其内部文件,如图 2-14 所示。

名称	检出者	大小	文件类型	状态	已修改	检出于	类别
Burner Components			文件夹				
axle.sldprt		66.34 KB	SOLIDW...	Released	2020-02-27 11:33:06		CAD Files
base_shelf.SLDPRT		226.38 KB	SOLIDW...	Released	2020-02-27 11:33:06		CAD Files
Brace_Corner.SLDPRT		103.69 KB	SOLIDW...	Released	2020-02-27 11:33:06		CAD Files
Brace_Cross_Bar.SLDPRT		159.85 KB	SOLIDW...	Released	2020-02-27 11:33:06		CAD Files
center_shelf.SLDPRT		192.39 KB	SOLIDW...	Released	2020-02-27 11:33:06		CAD Files
Collar.SLDPRT		75.65 KB	SOLIDW...	Released	2020-02-27 11:33:06		CAD Files

图 2-14 浏览项目文件

1. 文件视图 文件视图与常规的资源管理器文件视图相似,但有一些列是不同的,默认的列见表 2-1。

表 2-1　文件视图所包含的列

名称	文件或文件夹的名称
检出者	当前检出此文件的用户，如果此列为空，表示文件没有被检出
大小	文件的大小
文件类型	文件的生成程序及类型，如 Microsoft Word 文档
状态	用户在工作流程中定义的状态，如初始化或等待审批状态
已修改	文件最后一次被修改(或创建)的时间
检出于	检出文件的本地路径
类别	显示文件类别。SOLIDWORKS PDM 中的文件能够被指定一个类别，以便于某些文件的组织或分派到正确的工作流程中

除了标准列以外(这些列不能被删除或更改)，系统管理员还可以添加列以用于显示文件数据卡的信息，如添加【文件号】列。

双击文件名打开文件，从文件视图中打开的文件为当地版本，如果文件无当地版本，将从文件库中获取最新的版本。

步骤5　查看文件　在文件视图中单击每一个文件，注意查看它们的属性信息，这些信息可用于快速搜索和获取文件，如图 2-15 所示。

图 2-15　查看文件

2. 布局/配置选项卡　SOLIDWORKS PDM 支持 AutoCAD 文件中的布局以及 SOLIDWORKS 零件或装配模型中的配置。插入的附加配置选项卡显示在文件数据卡窗口上方，如图 2-16 所示。

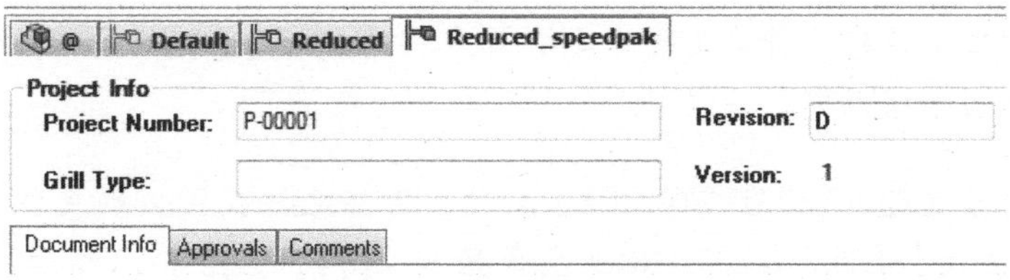

图 2-16　多配置文件数据卡

活动的配置选项卡默认设置焦点,活动配置用选
项卡上的配置符号标记显示,如图 2-17 所示。

图 2-17　配置选项卡

单击选项卡名称可以在不同配置间切换。存储在
不同的配置/布局里面的信息,可以存储在文件数据卡的各个独立配置选项卡中。"@"选项卡
用来显示 SOLIDWORKS 文件的自定义属性。

步骤 6　查看布局/配置选项卡　打开文件夹"Projects\P-00001\CAD",选取
"side_table_plank_wood. SLDPRT"。切换到每个配置,查看其中的属性信息,如图 2-18
所示。

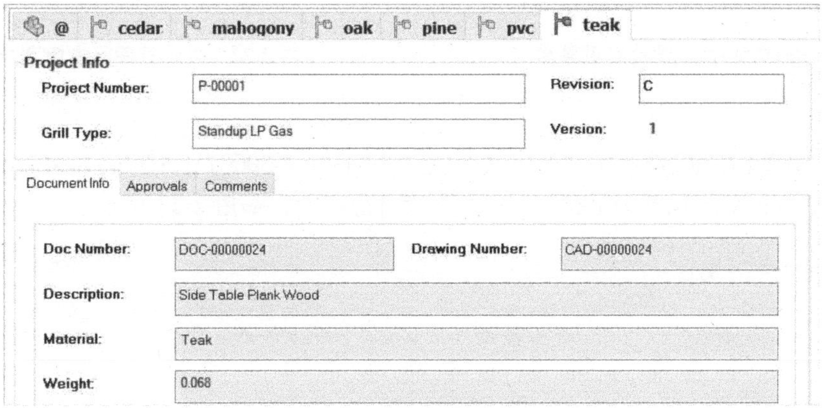

图 2-18　查看布局/配置选项卡

3. 预览视图　选中【预览】选项卡,窗口右下区域分为文件预览和文件数据卡预览两部分。
拖动中间的分隔栏,可调整视图大小。

左边的视图窗口用于显示所选文件的预览,用户可以
调整预览的缩放比例或文字的大小以便于观察,单击右键
打开相关菜单。

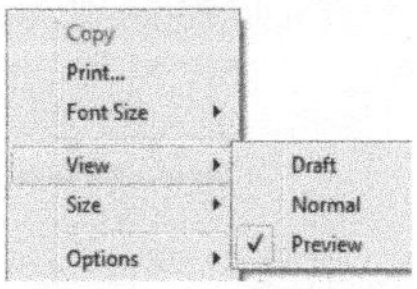

图 2-19　预览一般文件右键菜单

- 一般文件(如".doc"和".xls"文件):在预览时可
以进行复制或打印,还可以在右键菜单中选择预览形式,
也可以改变文字字体大小,如图 2-19 所示。

- 图片文件:右键菜单中有些增加的选项,除了可以
复制和打印以外,还可以改变大小和旋转,也可以使用缩
放选项,如图 2-20 所示。

图 2-20　预览图片文件右键菜单

- SOLIDWORKS 文件:默认选用 eDrawings 来预览,可以对模型进行平移、缩放和旋转等操
作,如图 2-21 所示。

12

提示　预览文件时，所选文件需要存储在当地缓存中。系统在需要时会把文件复制到当地缓存中。

技巧　为了快速浏览 SOLIDWORKS 文件，可在文件视图区的文件上单击右键，选择【查看】/【为 SOLIDWORKS 文件显示位图】，如图 2-22 所示，单击预览图片将其转为 eDrawings 预览。

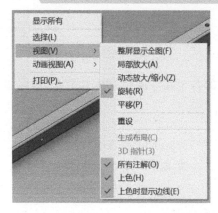

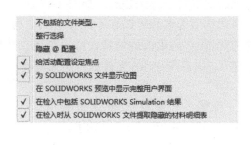

图 2-21　用 eDrawings 预览右键菜单　　　　图 2-22　文件视图区右键菜单

步骤7　查看【预览】选项卡　打开文件夹 "Projects\P-00001\CAD"，在文件视图区选取文件 "Leg_and_Wheels.SLDASM"，单击【预览】选项卡，如图 2-23 所示。

图 2-23　查看【预览】选项卡

4. 版本视图　【版本】选项卡用于显示当地文件的版本信息，如果当地文件的版本不是最新的，用户将会收到提示信息。

【当地位置】表示当地缓存中的文件版本，【最新版本】表示文件库中此文件的最新版本，如

图 2-24 所示。

当用户对文件进行检出、获取版本、获取最新版本、预览等操作时，文件库中的文件将被保存在当地工作文件夹中，如图 2-25 所示。

 提示　任何时候，当地缓存中都只存在文件的一个版本。

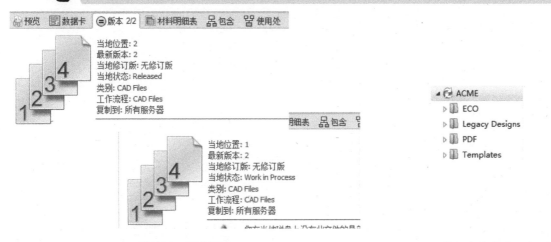

图 2-24　版本视图　　　　　　　　　图 2-25　文件保存在当地工作文件夹

步骤8　查看【版本】选项卡　选取文件"bevel3.SLDPRT"，单击【版本】选项卡，如图 2-26 所示。

图 2-26　版本视图

5. 材料明细表视图　【材料明细表】是一个自定义列表，用于显示所选文件的物料清单。系统管理员可以设置多个材料明细表视图用以显示各组不同要求的材料明细表。

SOLIDWORKS PDM 材料明细表类型包括以下几种：

● 计算材料明细表：可以自动统计装配体或工程图中包含的材料明细表信息，主要包括内部的组件信息，如零部件和虚拟零件等。它不包括在 SOLIDWORKS 装配模型中的组件信息。

● SOLIDWORKS 材料明细表：指装配体和工程图中包含的材料明细表，原表中未包含的材料明细表项不会被列出。

● 命名材料明细表：是从计算材料明细表或 SOLIDWORKS 材料明细表生成的可编辑材料明细表，可以在工作流程中被检入、检出维护变更记录。命名材料明细表属于生成它的装配体模型或工程图的一个具体的版本，可以更新生成新版本，以便与装配体或工程图的新版本保持一致。

● 焊件材料明细表和焊件切割清单：焊件材料明细表列出了焊件每种材料各自的总长度信息，焊件切割清单列出了材料的切割长度和数量信息。

除此之外还有多种材料明细表视图过滤器和修改材料明细表视图显示所需要用到的选项。

 提示　SOLIDWORKS PDM 需要用 SOLIDWORKS 2016 以上版本的文件来支持 SOLIDWORKS 材料明细表、焊件材料明细表和焊件切割清单的显示，以及命名的材料明细表的更新和许多编辑特征。

步骤9　**查看具体配置的计算材料明细表**　打开文件夹"Projects\P-00001\CAD"，单击【材料明细表】选项卡，查看装配体"Leg_and_Wheels. SLDASM"的计算材料明细表，如图 2-27 所示。

图 2-27　查看计算材料明细表

从【配置】下拉列表中选取"burners-left"，显示所选配置下对应的材料明细表。

步骤10　**查看 SOLIDWORKS 材料明细表**　打开文件夹"Projects\P-00002\CAD Files"，在文件视图区中选择"LP Gas Grill Assembly Drawing. SLDDRW"，再单击【材料明细表】选项卡，查看所选工程图的 SOLIDWORKS 材料明细表的内容，如图 2-28 所示。

图 2-28　查看 SOLIDWORKS 材料明细表

步骤 11　查看焊件切割清单和焊件材料明细表　打开文件夹"Projects\P-00002\CAD Files"，在文件视图区中选择"Grill Frame. SLDPRT"，再单击【材料明细表】选项卡。从【材料明细表】下拉列表中选取"Weldment Cut List"，查看所选零件的焊件切割清单，如图 2-29 所示。

从【材料明细表】下拉列表中选取"Weldment BOM"，查看所选零件的焊件材料明细表，如图 2-30 所示。

图 2-29　查看焊件切割清单 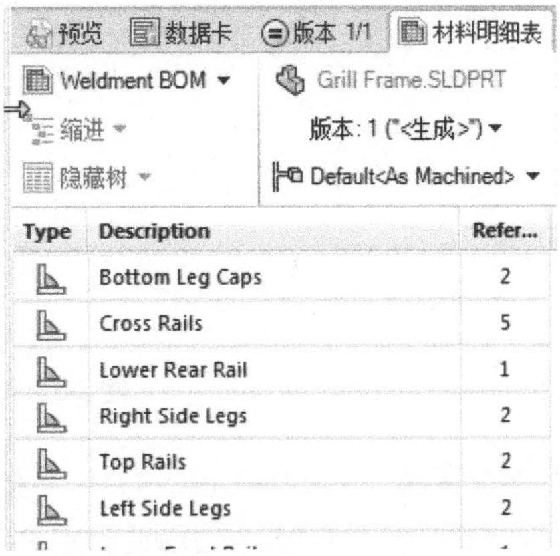　　　　　　　　图 2-30　查看焊件材料明细表

6. 包含视图　【包含】选项卡用于显示所选文件的参考引用或文件所选配置的参考引用，如果文件为装配体文件，它将显示其包含的所有子装配体和零件。

> 提示　【包含】列表从数据库中生成，不会反映未检入的当地文件的变化。

步骤 12　查看【包含】选项卡　打开文件夹"Projects\P-00002\CAD Files"，在文件视图区中选择"Propane Tank Assembly. SLDASM"，再单击【包含】选项卡，如图 2-31 所示。

图 2-31　查看【包含】选项卡

7. 使用处视图　【使用处】选项卡用于显示所选文件曾在哪里被引用或被使用过。一般认为它是自下而上的视图，可以用来搜索零件或零件的某个配置被用于哪个装配体或工程图中。

步骤13　查看【使用处】选项卡　打开文件夹"Projects\P-00002\CAD Files"，在文件视图区中选择"Propane Tank Assembly.SLDASM"，再单击【使用处】选项卡，如图 2-32 所示。

图 2-32　查看【使用处】选项卡

8. 自定义菜单　SOLIDWORKS PDM 专业版允许用户自定义菜单。在 Windows 资源管理器的文件视图的菜单页面中单击右键，可找到【自定义菜单】。此功能不能在 SOLIDWORKS PDM 标准版中应用。可以从管理员工具或者右键单击 SOLIDWORKS PDM 菜单栏，进入【设置】对话框。

注意

> 菜单选项的有效性依赖于用户相关的访问权限。单击【设置】对话框的帮助图标可获取自定义菜单的更多信息。

步骤14　自定义文件右键菜单　右键单击 SOLIDWORKS PDM 菜单栏并选择【自定义菜单】。展开【目标菜单】的下拉菜单进行查看，如图 2-33 所示。

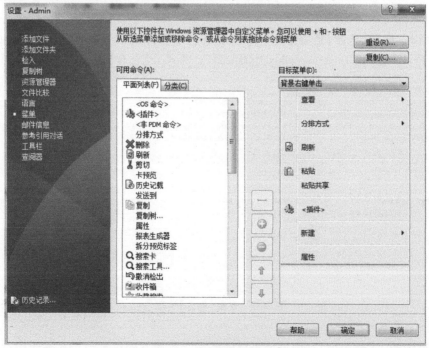

图 2-33　【设置】对话框

从【平面列表】中选择【获取版本】，单击【插入命令】⬛，此命令就会被添加到目标菜单列表的底部。选择此命令并单击【上移】⬛，直到此命令在【获取最新版本】命令下停止。单击【确定】，保存自定义菜单。

2.6　注销

要注销当地 SOLIDWORKS PDM 客户端视图和服务器文件库，可用右键单击任务栏上的 SOLIDWORKS PDM 图标，选择【注销】/ < 库名称 >，如图 2-34 所示。另外，也可以通过单击文件视图区右上角的注销图标👤，选择【注销（登录名）】来注销用户，如图 2-35 所示。

若要重新登录，可以在任务栏快捷菜单中选择【登录】，或者在 Windows 资源管理器中打开文件库。

图 2-34　从任务栏注销　　　　　　　　　　　图 2-35　从文件视图区注销

练习　浏览 SOLIDWORKS PDM 的用户界面

本练习将浏览 SOLIDWORKS PDM 的用户界面。

操作步骤

步骤1　打开 Windows 资源管理器

步骤2　登录 SOLIDWORKS PDM　使用老师分配的用户名称和密码登录。

步骤3　查看【数据卡】选项卡　展开工作文件夹，在文件视图区选取每个文件夹，查看其【数据卡】选项卡的信息。

步骤4　浏览文件夹内容　展开"Projects\P-00002"中的每一个子文件夹，检查不同类型文件的数据卡。选取【预览】选项卡查看文档，右键单击预览，并浏览不同类型文件的选项。

步骤5　查看【版本】选项卡　选取【版本】选项卡，查看每个文件。

步骤6　浏览【材料明细表】选项卡　在"Projects\P-00002\CAD"文件夹中选取"LP GAS Grill Assembly. SLDASM"文件，切换至【材料明细表】选项卡。从材料明细表右侧的树视图中选取一个子装配体并注意材料明细表是如何反映每一个子装配体中不同内容的。

步骤7　查看【包含】选项卡　从"Projects\P-00002\CAD"文件夹中选取"Propane Tank Assembly. SLDASM"文件，切换至【包含】选项卡。此装配体由一个子装配体和几个零件组成。

步骤8　查看【使用处】选项卡　在"Projects\P-00002\CAD"文件夹中选取"Knob Burner. SLDPRT"文件，切换至【使用处】选项卡。此零件被使用在另外两个文档中。

第3章　文件的创建与检入

学习目标
- 建立项目文件夹
- 在文件库中新建文件
- 添加现有的文件到文件库中
- 检入文件
- 从模板新建项目文件夹
- 从模板新建文件
- 使用参考引用检入文件

3.1　新建文件夹和文件

SOLIDWORKS PDM 用户可以采用与在 Windows 资源管理器中类似的方式来新建文件夹和文件，也可以在 Windows 应用程序内部创建。

注意　创建文件夹和文件需要相应的权限。

- 从文件视图区的右键菜单中新建文件夹或文件，如图 3-1 所示。
- 在运行中的应用程序内部新建文件，如图 3-2 所示。

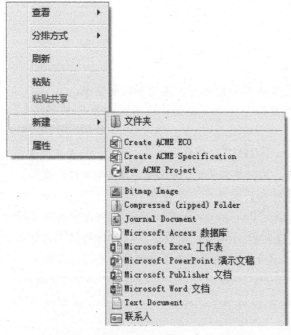

图 3-1　从右键菜单中新建文件夹或文件　　　　图 3-2　在应用程序内部新建文件

SOLIDWORKS PDM 的优势在于可以为文件、文件夹添加相关的信息（属性、特征、元数据等），这些信息可以帮助用户更好地组织数据以便于查询。

3.2　学习实例：检入文件

本例将在"ACME"库中的"Legacy Designs"文件夹下新建一个文件夹，用来组织新创建的文件和已有的文件，并将其检入到文件库中。

操作步骤

步骤1　登录　选取"ACME"文件夹，并登录。本例中，使用自己的用户名称和密码登录。

步骤2　新建项目文件夹　浏览"ACME"库，选取"Legacy Designs"文件夹，在文件视图区中单击右键，并选择【新建】/【文件夹】，如图 3-3 所示。

扫码看视频

将文件夹命名为"PRJ-XXXXXX"（XXXXXX 为自己的名字）。

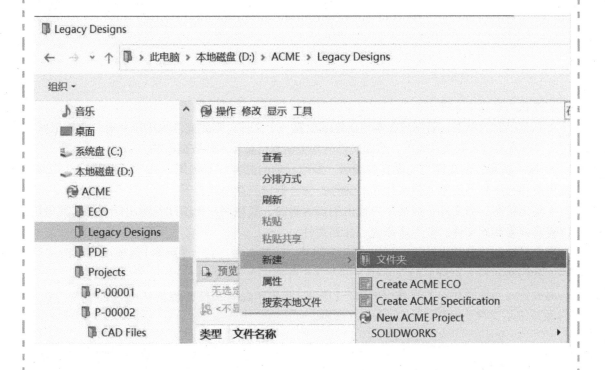

图3-3　新建项目文件夹

步骤3　修改【数据卡】　选取文件夹，单击【数据卡】选项卡。切换至【编辑值】选项卡，在【Project Number】中输入"Test Project"，然后单击【Comments】，输入图 3-4 中显示的文字。单击数据卡右上角的【保存】，完成编辑。

图 3-4　修改【文件数据卡】

文件状态有以下 3 种：

●私有（当地）状态：若用户在本地新建或放置一个文件，则此文件为用户私有，为检出状态。此时文件没有被检入到文件库中，然而文件的相关信息已被录入到数据库中。

● 检入状态：此文件当前没有被编辑，所以任何有相应权限的用户都可以将其检出并编辑。直接用应用程序打开已检入到文件库的文件，文件会以只读模式打开。

●检出状态：当文件正被某用户检出用以编辑时，其他用户无法同时检出此文件。其他用户可以查看并复制此文件，但不能修改、保存文件。

当文件被创建或首次被置于用户当地缓存时，其版本为"1"。【版本】选项卡显示为"版本 1/1"，此时将其检入，版本仍为"1"，如图 3-5 所示。

对放置到当地缓存的文件进行编辑，【版本】选项卡反映文件的编辑状态，显示为"版本-/1"（短线表示文件已被修改），如图 3-6 所示。

⊜版本 1/1　　材料明细表

当地位置：1
最新版本：1
当地修订版：无修订版
当地状态：
工作流程：

图 3-5　版本 1/1

◆版本 -/1　　材料明细表

当地位置：当地文件已修改。
最新版本：1
当地修订版：无修订版

图 3-6　版本-/1

修改文件后将其检入，版本升为"2"。版本"1"为修改前的原始状态。

注意　　　如果新建的文件或文件夹处于库外，则必须将其保存或另存到正确的文件库文件夹目录中，或者将其从原来位置拖放入文件库文件夹中。

步骤4 新建文件 双击进入之前创建的项目文件夹"PRJ-XXXXXX"。在文件视图区单击右键,选择【新建】/【Microsoft Word 文档】,将文件命名为"DOC-XXXXXX"(XXXXXX 为自己的名字)。依照表 3-1 填写【数据卡】选项卡。

表 3-1 填写数据卡

Title(标题)	< your initials > Test Document(我的文档)
Subject(主题)	New Product Specification(产品技术说明书)
Keywords(关键词)	Specification(技术说明书)

单击数据卡右上角的【保存】完成编辑。

注意到有几个属性已填写好了,这些自动填写的属性由系统管理员来设置。本例中的属性如下:

- Number(文档号):按顺序自动生成的流水号。
- Created By(创建者):用户的登录账号。
- Date(日期):今天的日期。

步骤5 修改文件 双击打开刚创建的新文件。在文件中添加几行文本,保存并退出Word。选择【预览】选项卡查看其变化。

⚠️ **注意**   如果是第一次预览文件,将会弹出安装浏览器的提示信息。

3.3 添加现有文件

有时候,用户会有一些早期创建的文件(生成于 SOLIDWORKS PDM 使用之前),或者是来源于外部的资料,如一些来自承包商的文件。要添加这些文件到文件库,只需把文件或文件夹拖放到文件库中相应的目录下面。

步骤6 复制文件夹   再打开一个浏览窗口,将"Lesson03\Case Study"中的文件夹"ACME Documents"拖放到"ACME"库文件夹"Legacy Designs\PRJ-XXXXXX"里面,如图3-7 所示。

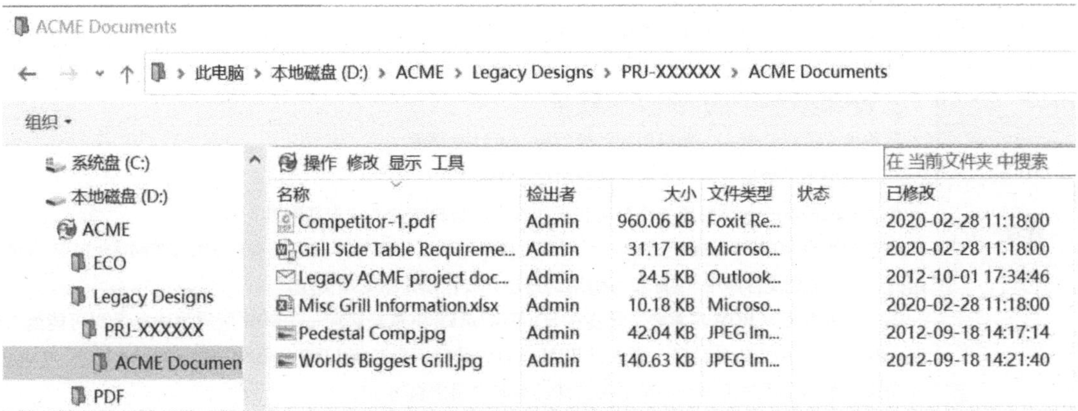

图 3-7 复制文件夹

> 单击【数据卡】查看文件夹和文件的相关信息。可以发现，如果文件含有相应的属性值，便会自动提取到【数据卡】上。

3.4 文件的检入

文件创建并添加之后将其检入，以便具有相应权限的其他用户访问。用户可以同时检入多个文件或文件夹及相关文件。

	检入	• 选取文件或文件夹，单击右键，选择【检入】。 • 选取文件或文件夹，单击 SOLIDWORKS PDM 工具栏上的【操作】/【检入】。

⚠️ 注意　文件被检入以前，所有对文件的修改仅限于用户当地工作文件夹。

当文件被检入并且是在最新版本上做了修改，就会产生一个新版本。SOLIDWORKS PDM 可确保所有针对文件的修改都能被妥善保存，之前的版本不会被覆盖或删除。

如果当地文件没有被修改，在检入过程中，【评论】区为灰色显示状态，版本也不会递增。

将文件检入库并生成新版本的操作步骤如下：
1）选取要被检入的文件。
2）单击右键，选择【检入】，或者单击工具栏上的【检入】。
3）参考表 3-2 关于检入选项的描述，在【检入】对话框中勾选相应的复选框。
4）在【评论】区中输入一些文件检入相关的注释。

【检入】对话框中所包含的列见表 3-2。

表 3-2　【检入】对话框中所包含的列

类型	显示被检入文件类型的图标。当光标悬停在图标上时，将显示文件的缩略图预览
文件名称	文件或参考引用文件的名称。对于 SOLIDWORKS 装配体，列表中可以包含工程图、零件、子装配体以及 SOLIDWORKS Simulation 文件等 提示👆　关联的工程图可以置于当前文件夹或库中其他位置。SOLIDWORKS PDM 默认会在整个库范围内搜索，搜索范围依赖于系统管理员的设置。
警告	显示文件检入是否存在问题，有以下不同结果： ⚠️循环引用——参考引用出现循环，无法检入 ⚠️文件名称不独特——系统管理员已经设置系统不允许存在同名文件，当前文件库中已经存在同名的文件 ⚠️文件未找到——无法找到所引用文件 ⚠️当地文件已修改——所引用文件的当地副本已被修改 ⚠️本地版本已被覆盖——本地文件版本已被覆盖 ⚠️无当地副本——所引用文件当前在文件库中，当地文件夹缺少其副本 ⚠️在 SOLIDWORKS PDM 之外——所引用文件存储在文件库外部，且没有以 SOLIDWORKS PDM 参考引用的形式添加到文件库中（实际参考引用的还是存放在库外的物理文件） ⚠️遗失的数据对 BOM 很重要，需要在 SOLIDWORKS 中重新保存——BOM 所需的内部数据可能遗失或未更新，导致 BOM 条目错误。要纠正 BOM 条目，请重新保存 SOLIDWORKS 中的装配体文件 ⚠️文件被另一用户检出——所引用文件已被其他用户检出 ⚠️文件已在另一文件夹中检出——所引用文件已被检出到另一个文件夹中 ⚠️文件已在另一台计算机上检出——所引用文件在另一台计算机上已被检出

（续）

警告	⚠️⚠️文件未重建（配置:"默认"）——所引用文件已被修改，且没有被重建，单击此警告信息可以知道哪些文件需要被重建 ⚠️文件在其他应用程序中已被打开——参考文件已被其他应用程序打开 ⚠️Toolbox 文件未安装在 Toolbox 文件夹中——Toolbox 未安装在指定位置 ⚠️未知文件格式——不能识别所引用文件的格式 如果系统管理员设置了不能忽略警告，则会阻止文件检入操作
检入	勾选此复选框，表示进行文件检入操作。如果不可选（灰色），表示文件没有被检出过，因此无法检入
保持检出	勾选此复选框，文件检入后仍保持检出状态，同时生成变更后的新版本
移除本地副本	勾选此复选框，检入后将从工作文件夹（缓存）中移除文件的本地副本
覆盖最新版本	在检入期间覆盖文件的最新版本，而不是创建一个新的版本
本地版本	显示文件的当地版本和最新版本。如果当地文件被修改或不存在，本地版本则显示为 "-"
新版本	如果文件是一个参考文件，而且当地工作文件夹中已经存在一个早期的版本，此时可以选择附加哪一个参考版本到要检入的父文件中。若需要改变版本，单击☑，然后从以下选项中选择： • 使用当地版本——附加当地工作文件夹中的参考文件版本 • 使用最新版本——附加参考文件的最新版本
检出者	显示文件的检出者
检出于	显示文件检出的路径（所在计算机和文件夹）
参考引用的位置	显示文件以何种方式被引用到父文件中（通过绝对路径、相对路径或文件名）
查找位置	显示文件所在的文件夹
状态	显示所选文件的版本在工作流程中的状态

23

【参考引用的位置】、【查找位置】和【状态】在默认状态下不显示。要查看这些列，可单击右键，选择【列】，然后从关联菜单中选取要显示的列，如图 3-8 所示，更多列项可在关联菜单底端选取【更多】。

如果在【检入】对话框中单击右键，将显示以下选项（见图 3-9）：

• 列：可以选择需要的列以显示在【检入】对话框中。

• 显示参考引用选择控件：在【检入】/【保持检出】/【移除本地副本】的右侧增加一个复选框。增加的复选框允许快速选择全部相关的参考引用文件。

• 全部选取：选取显示在【检入】对话框中的所有文件。

• 选取文件：根据通配符式样来选取文件，如图 3-10 所示。

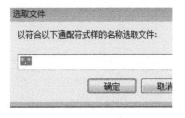

图 3-8　修改【检入】
对话框列表项　　　　**图 3-9　【检入】对话框右键菜单**　　　　**图 3-10　选取文件**

- 显示树线：将树线增加到【文件名称】列，呈现文件参考引用的关系。
- 检入所有文件:勾选【检入】列中所有的复选框。
- 保持检出所有文件：检入后，保持所有文件的检出状态。
- 移除所有当地副本：选取【检入】对话框中所有被检出的文件，单击【移除所有当地副本】。检入后，删除所有当地副本。
- 在所有文件上覆盖最新版本：在【检入】对话框中选择覆盖新版本列中的所有文件，防止在检入时创建新的版本。

⚠️ **注意**　右上角有更多操作选项，如图 3-11 所示。

- 选取文件 ▽：根据通配符式样选取文件。
- 打开文件列表 ✐：打开一个 Excel 文件，其中含有当前显示的检入信息，如图 3-12 所示。

图 3-11　更多操作选项　　　　　　　　　　图 3-12　打开文件列表

- 保存文件列表 🖫：与【打开文件列表】类似，该选项创建一个 ".txt" 文件，其中含有当前显示的检入信息。

步骤 7　检入单个文件　进入 "Legacy Designs \ PRJ-XXXXXX" 文件夹，右键单击 "DOC-XXXXXX.doc"，选择【检入】。在弹出的【检入】对话框的【评论】编辑框内输入 "Initial check in"，然后单击【检入】，如图 3-13 所示。

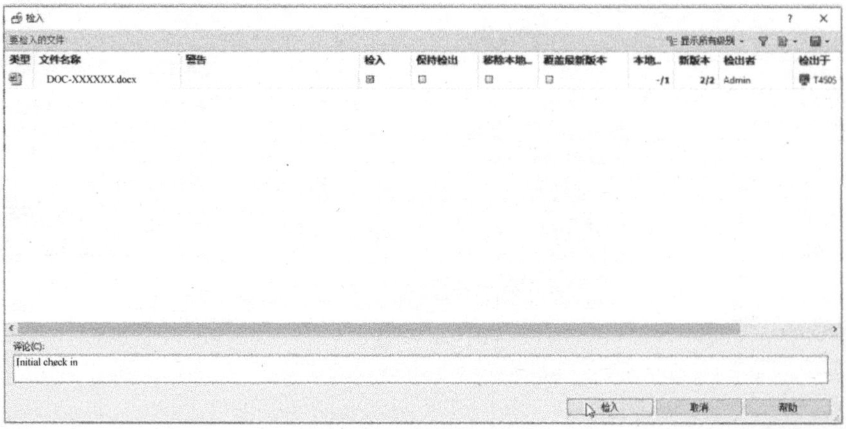

图 3-13　检入单个文件

如图 3-14 所示，在文件视图区中【检出者】一栏被置空，同时【版本】选项卡的信息也体现出文件现在保存在文件库中，并已进入工作流程。

图 3-14　查看文件版本

步骤 8　检入多个文件　进入 "Legacy Designs\PRJ-XXXXXX" 文件夹，右键单击 "ACME Documents" 文件夹，选择【检入】。

注意　注意到【检出】命令不再为灰色，这是因为有多个文件被选中。在有些情况下，文件夹中可能既有检入的文件，也有检出的文件。此时，【检入】、【检出】选项对于符合条件的文件表现为有效。

勾选【检入】复选框，单击【检入】完成检入操作，如图 3-15 所示。

图 3-15　检入多个文件

3.5　从模板生成文件、文件夹

SOLIDWORKS PDM 允许创建并使用模板。SOLIDWORKS PDM 模板用于在 SOLIDWORKS PDM 系统中自动生成文件及文件夹结构。例如，一个模板可以生成项目结构并自动命名文件夹，还可以把信息填写到项目数据卡中。

在 SOLIDWORKS PDM 中新建文件时，可以选择任意已安装的模板。在文件视图区单击右键，选择【新建】/＜模板名称＞，如图 3-16 所示。

图 3-16   从模板生成文件、文件夹

步骤 9   新建标准文件夹结构   在 SOLIDWORKS PDM 中进入 "Projects" 文件夹，单击右键，选择【新建】/【New ACMEProject】，弹出【New ACME Project】对话框，如图 3-17 所示。

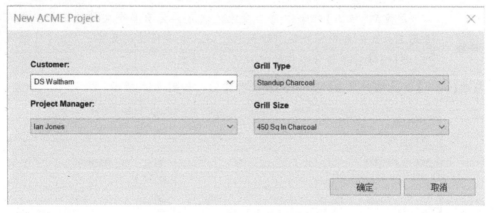

图 3-17   【New ACME Project】对话框

进行以下填写：

- Customer：DS Waltham。
- Project Manager：＜Your Manager＞。
- Grill Type：Stand up Charcoal。
- Grill Size：450 Sq In Charcoal。

单击【确定】创建文件。

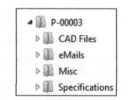

图 3-18   标准的文件夹结构

模板建立了标准的文件夹结构，顶层文件夹命名为项目代号，并生成 "CAD Files" "eMails" "Misc" "Specifications" 4 个子文件夹，如图 3-18 所示。

步骤 10   创建标准文件   进入新创建的子文件夹 "Specifications"，单击右键，选择【新建】/【Create ACME Specification】，如图 3-19 所示。

这个模板是为了在当前项目文件夹下的"Specifications"文件夹中自动生成一个新的文档。也可以选择其他项目代号，然后单击【OK】，如图 3-20 所示。

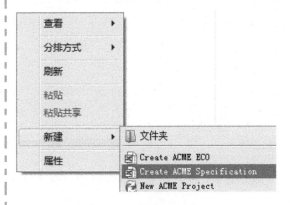

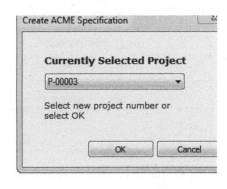

图 3-19　创建标准文件　　　　　　　　　图 3-20　【Create ACME Specification】对话框

【Number】、【Title】、【Grill Type】属性已经通过模板填充好了。

在数据卡中输入以下信息（见图 3-21）：

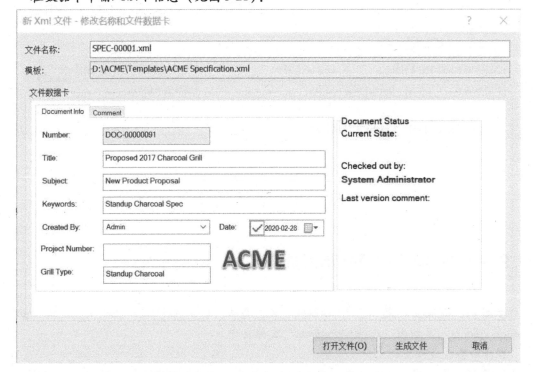

图 3-21　在数据卡中输入信息

- Title：Proposed 2017 Charcoal Grill。
- Subject：New Product Proposal。
- Keywords：Standup Charcoal Spec。
- Created By：<Your username>。
- Date：<Today's date>。

选取数据卡上的【Comments】选项卡，添加注释，如图 3-22 所示。

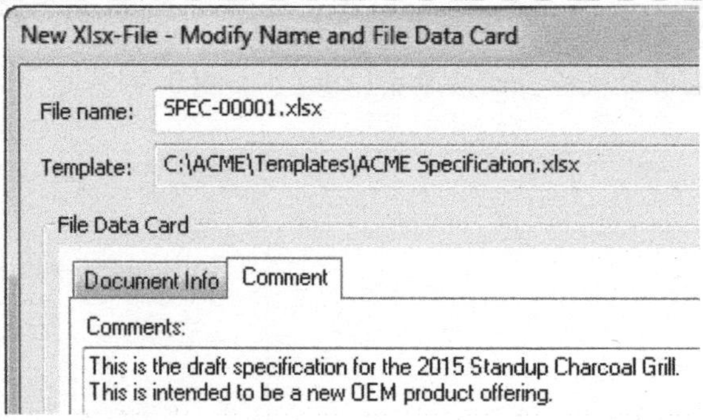

图 3-22　添加注释

单击【打开文件】，注意到添加到数据卡【Comments】中的文字显示在文件中，保存并退出，检入文件，如图 3-23 所示。

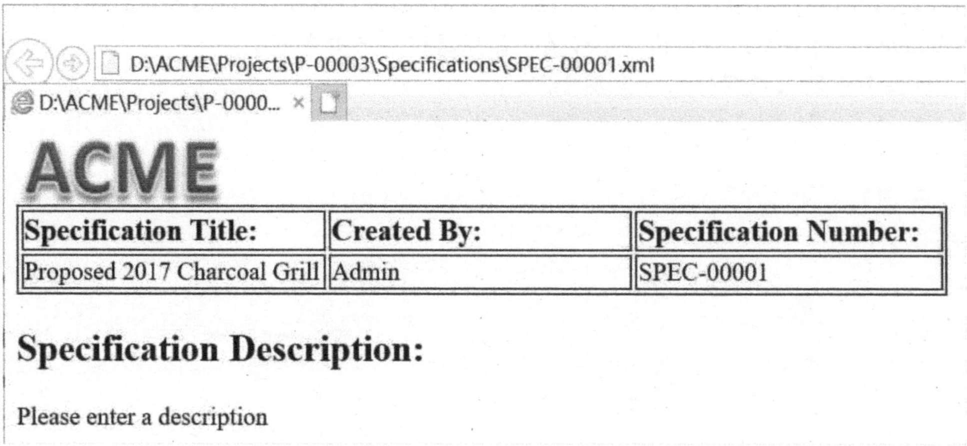

图 3-23　Microsoft Word 文件

3.6　SOLIDWORKS PDM 标准选择

步骤 11　复制文件夹　将"P-00004"文件夹从"Lesson03 \ Case Study \ PDM Standard \ Vaulted Folders"复制到"ACME \ Projects"文件夹中。

在库中会生成相应的文件夹结构。

步骤 12　复制技术说明文档　进入"ACME \ Projects \ P-00004 \ Specifications"文件夹。将"SPEC-00001. xlsx"文件从"Lesson03 \ Case Study \ PDM Standard"复制到"Specifica-tions"文件夹中。

3.7　其他文件检入

之前的实例介绍了如何检入没有参考引用的文件。本实例将会介绍如何检入具有参考引用的文件。

3.7.1 检入文件

在本地库视图中新建或添加文件后，检入文件，以便其他用户也可使用。如果文件包含参考引用关系，这个文件版本将会记录具有参考引用文件的版本号。

当检索更早版本的文件时，这是非常有用的。检索时，所有具有父子关系的文件都会被检索到。

3.7.2 参考引用文件在 SOLIDWORKS PDM 库之外

如果有参考引用文件但提示未找到，则这个文件储存在当前文件库之外。当检入父文件时，子文件未添加到 SOLIDWORKS PDM。当下一次再检出父文件时，子文件不会再出现在【检出】对话框中。

为了确保检出所有的参考引用文件，请将参考引用文件和父文件放置在同一个文件夹中，也可以只将参考文件放在库中的一个文件夹中，然后更新父文件和参考文件的路径关系。

3.7.3 搜索外部的参考引用文件

不是所有的文件对于父文件都有一个完整的参考引用路径，SOLIDWORKS PDM 会在父文件所在的文件夹进行搜索。

可通过【工具】/【更新参考引用】来修复丢失或者破损的参考引用。

对 SOLIDWORKS 进行设置(【工具】/【选项】/【外部参考】)，确保加载相应的装配体和工程图时使用正确的参考引用文件。

1) 当没有勾选【为外部参考查找文件位置】复选框时，在【文件位置】/【参考的文件】下的路径不会生效。

2)为了确保文档属性应用到各个文档，勾选【文档属性】/【图像品质】/【随零件文件保存面片化品质】复选框。

3.8 学习实例：检入具有参考引用的文件

本例将把项目文件夹及其中的文件添加到 ACME 库中，并且检入一个 CAD 装配体及相关的零部件。

1. 检入 SOLIDWORKS 文件 检入 SOLIDWORKS 文件的操作步骤如下。

操作步骤

步骤1 登录 选择 ACME 库并用自己的账户名称登录。

步骤2 添加已有的项目文件夹 打开 Windows 资源管理器，进入
"Lesson03\Case Study"，将 "Support Frame" 文件夹拖放到刚创建的项目文件夹 "Projects \ P-00004" 中的 "CAD Files" 中。

步骤3 检入装配体 在 "Support Frame" 文件夹中，右键单击
"Lower_Brace. SLDASM"文件并选择【检入】，单击【检入】完成操作，如图 3-24 所示。

扫码看视频

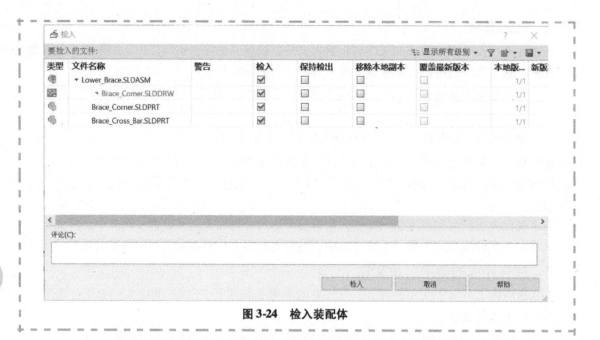

图 3-24　检入装配体

注意　【检入】对话框中包含了装配体所有的参考引用文件，包括工程图、零件、子装配体和 SOLIDWORKS Simulation 文件。【检入】列清晰地展示了哪些参考引用文件先前已经被检入。

技巧　单击文件视图区顶部的【文件类型】对文件进行分类，将便于选择特定文件进行检入。

步骤 4　检入剩余的项目文件　在"Support Frame"文件夹中，右键单击"Support_Frame. SLDASM"文件并选择【检入】，单击【检入】完成操作，如图 3-25 所示。

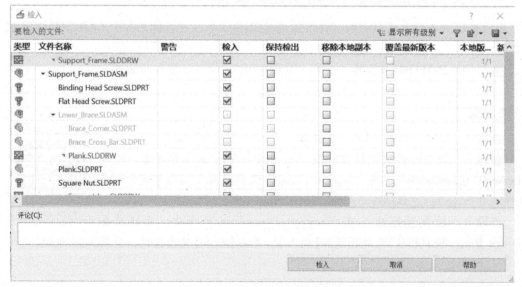

图 3-25　检入其余的项目文件

2. 检入其他 CAD 文件 除了 SOLIDWORKS 文件之外，SOLIDWORKS PDM 也可以识别 DraftSight、Inventor、Solid Edge 和 Pro/ENGINEER 文件。

步骤5 检入 DraftSight 文件 打开 Windows 资源管理器，进入"Lesson03\Case Study"，将"Tool Design"文件夹拖放到 ACME 库的"Legacy Designs\ PRJ-XXXXXX"文件夹中。

在"Tool Design"文件夹中，右键单击"C-89764.DWG"文件选择【检入】，单击【检入】完成操作，如图3-26所示。

图3-26 检入 DraftSight 文件

练习 文件的创建与检入

本练习将添加新建的和已有的文件夹和文件到 SOLIDWORKS PDM 文件库。

操作步骤

步骤1 打开 Windows 资源管理器

步骤2 登录 SOLIDWORKS PDM 使用老师分配的用户名称和密码登录。

步骤3 新建项目文件夹 展开设计文件夹。新建一个项目文件夹"PRJ-XXXXXX"（XXXXXX 为自己的名字）。

步骤4 新建 Word 文档 在"PRJ-XXXXXX"文件夹中新建一个 Word 文档并保存。

步骤5 从模板新建项目文件夹 进入刚创建的项目文件夹，使用【New ACME Project】命令新建一整套项目子文件夹。

步骤6 从模板新建 Word 文件 进入刚创建的"Specifications"文件夹，使用【New ACME Project】命令新建 Word 文件。

步骤7 检入文件 选择新建的"specification"文件并检入。

步骤8　复制现有文件到库中　拖放"Lesson03\Exercises\2009 Grill Documents"文件夹到"PRJ-XXXXXX"文件夹中。

步骤9　检入多个文件　进入"PRJ-XXXXXX"文件夹，检入"2009 Grill Documents"文件夹下的所有文件。

步骤10　复制现有文件到库中　拖放"Lesson03\Exercises\Tool Vise"文件到"PRJ-XXXXXX"文件夹中。

步骤11　检入文件　进入"Tool Vise"文件夹，检入"tool vise. SLDASM"和文件夹中相关文件到库中。

第4章 修订文件版本

学习目标
- 检出文件
- 生成文件新版本
- 了解文件版本的使用方法
- 撤消检出
- 查看文件记载

SOLIDWORKS PDM 最大的优点之一是在编辑文件的过程中能够保存其经历的所有历史更改。如果需要，可以检索文件早期的版本。

保存在 SOLIDWORKS PDM 文件库中的文件拥有一个或多个版本，每一版本都记录了该文件从前一版本经编辑后产生的变更，文件库中文件的最初版本记录为"1"。

修改一个文件，需将其检出并使用相关的应用程序进行编辑更改，再将修改后的文件检入，使其他用户可以看到变更信息。文件的每一次编辑、检入都将生成新版本，而文件名保持不变。

通过右键单击文件并选择【历史记载】，可以随时查阅文件的历史记录。【历史记载】对话框提供了该文件的操作执行记录。

本章将详细说明文件版本的生成及检索操作。

4.1 检出

【检出】的功能是为文件库工作文件夹中最新版本的文件生成一份可写副本。SOLIDWORKS PDM 检出文件的方式确保了文件不可以被两个用户同时编辑。如果用户需要编辑文件，就必须先进行检出。

知识卡片	检出	在 Windows 资源管理器检出文件： • 选取文件。 • 右键单击文件，选择【检出】，或在工具栏内单击【检出】。

如果文件被授权的用户检出，该文件会在文件库中被标记为检出状态，如图 4-1 所示。

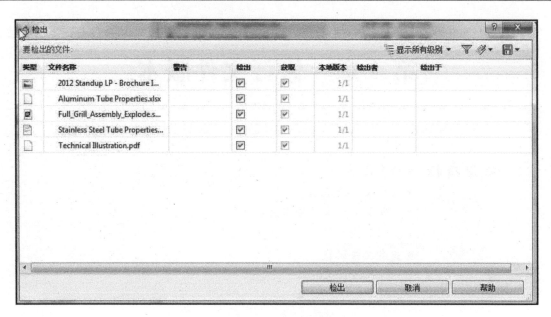

图 4-1　【检出】对话框

4.2　可选的检出方式

由于 SOLIDWORKS PDM 完全集成于 Windows 资源管理器界面，所以【检出】功能可以在任何 Windows 应用程序的打开文件对话框中被直接使用。

例如，当用户正在编辑 Word 文件或 Excel 电子表格时，可以单击【文件】/【打开】，在【打开】对话框中浏览 SOLIDWORKS PDM 文件库的内容，找到需要的文件，单击右键，右键菜单如图 4-2 所示。

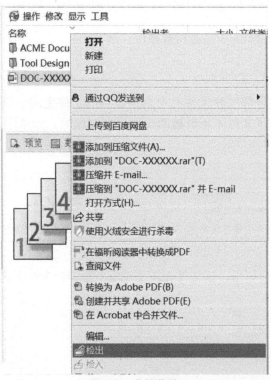

图 4-2　右键菜单

从右键菜单中选择【检出】，文件即从 SOLIDWORKS PDM 文件库中被检出，此时用户可以打开文件进行编辑。编辑完并保存后，必须再把文件检入到文件库中，才能把变更信息提交到文件库供其他用户访问。

1. 检出含参考引用的文件　如果检出的文件含有对其他文件的参考引用，会弹出【检出】对话框，可以选择同时检出参考文件，如图 4-3 所示。

类型	文件名称	警告	检出	获取	本地版本	检出者	检出
	◢ double_range_burner.SLDASM		☑	☑	1/1		
	Lofted Control Knob.SLDPRT		☐	☐	1/1		
	long_burner_tube.SLDPRT		☐	☐	1/1		
	◢ range_burner.SLDASM		☐	☐	1/1		
	range_burner_bowl.SLDPRT		☐	☐	1/1		
	range_burner_head.SLDPRT		☐	☐	1/1		

图 4-3　【检出】对话框

表 4-1 是【检出】对话框所包含的列。

表 4-1　【检出】对话框所包含的列

类型	当光标悬停在文件类型图标上时，将显示文件的缩略图预览
文件名称	文件或参考引用文件的名称
警告	显示文件检出是否存在问题，有以下不同结果： 💡文件已被您检出——文件已被当前登录用户检出 ⚠文件已检出——文件已被显示在【检出者】列中的用户检出 ⚠无检出权利——无权限检出文件的最新版本，可联系系统管理员，获得相应权限 ⚠文件未找到 ⚠文件已被删除 ⚠不能检出——文件类型不受支持 ⚠多项目中的文件——文件存在多个文件夹内
检出	文件在其他应用程序中已被打开，选取并检出文件。如果此选项为不可选(灰色)，表明该文件不能被检出
获取	从文件库中检索文件版本(显示在【本地版本】列的版本)，放入当地工作文件夹中。如果【检出】已勾选，最新版本就被获取到当地工作文件中；如果选项为灰色(不可选)，表示缺少获取所选版本的相关权限
本地版本	显示文件的当地版本和最新版本。如果不存在当地版本或当地版本被修改，本地版本显示为"-"
检出者	显示检出者
检出于	显示检出文件所在的路径(计算机和文件夹)
参考引用的位置	显示参考文件被父文件引用的方式(通过绝对路径、相对路径或者文件名)
查找位置	显示文件实际所在的文件夹位置
状态	显示所选文件版本处于工作流程中的状态

【参考引用的位置】、【查找位置】和【状态】默认不显示，可以通过在【检出】对话框的标题栏上单击右键，选取相关列项开启显示，如图 4-4 所示。

2. 右键菜单　在【检出】对话框中单击右键，可以看到图 4-5 所示右键菜单：

● 列：选取用以显示在【检出】对话框中的列。

● 显示参考引用选择控件：为检出选项添加一个复选框，这个添加的复选框可以快速地选择引用文件。

● 全部选取：选取显示在【检出】对话框中的全部文件。

图 4-4　【检出】对话框列表项

35

- 选取文件：根据通配符式样进行选取，如图 4-6 所示。
- 显示树线：在【文件名称】列中添加参考引线来表示文件的引用参考。
- 检出所有文件：勾选【检出】列下所有复选框。
- 获取所有文件：勾选【获取】列下所有复选框。

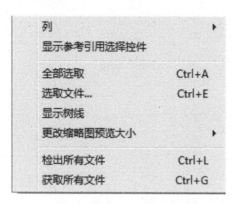

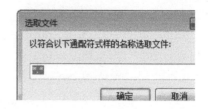

图 4-5　【检出】对话框右键菜单　　　　　　图 4-6　选取文件

注意　　可以在【检出】对话框的右上角找到【选取文件】、【打开文件列表】、【保存文件列表】的图标。

3. 启动编辑程序　当用户双击被检出的文件时，系统会根据所选文件的类型自动启动相应的应用程序（如 Word、Excel 等）以供编辑。

4.3　学习实例：修订文件版本

本实例将检出一个文件以用于编辑，然后将编辑后的文件检入文件库以生成新版本，再从文件库中检索此文件的一个老版本。

操作步骤

步骤1　登录　选取"ACME"库，并登录（用自己的用户名称和密码）。

步骤2　检出文件　打开文件夹"Legacy Designs\PRJ-XXXXXX"，右键单击文件"DOC-XXXXXX. docx"，并选择【检出】，如图 4-7 所示。

步骤3　修改文件　切换至【数据卡】选项卡，在【Title】中输入"Test Document"并保存。双击打开文件"DOC-XXXXXX. docx"，修改文件内容，保存并退出 Word 程序。

扫码看视频

步骤4　检入更改后的文件　【版本】选项卡上的"－"符号表示文件已被修改。

右键单击文件"DOC-XXXXXX. docx"，并选择【检入】。由于后面还要对该文件再做一些其他的修改，需要保持对该文件的继续编辑状态，所以勾选【保持检出】复选框。单击【检入】，如图 4-8 所示。

图 4-7　检出文件

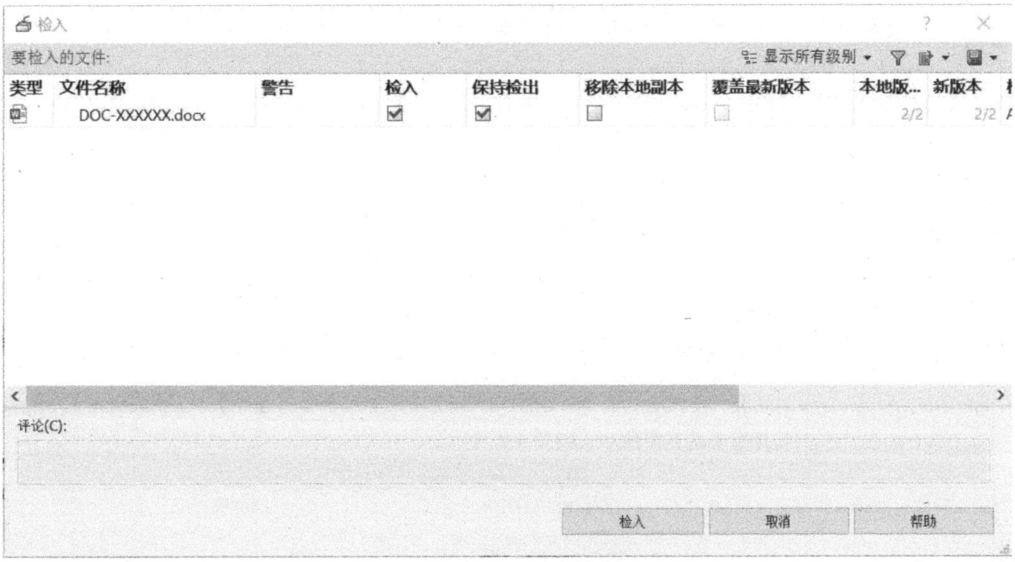

图 4-8　检入更改后的文件

4.4　覆盖最新版本

　　每当文件被检入时都会创建一个新的版本。在检入时勾选【覆盖最新版本】复选框，则该文件不会在文件库中创建新的版本。

　　【覆盖最新版本】可以大幅降低对存档服务器的储存控件需求。同时，它可以通过替换不必要的版本，例如日常检入，或者只修改数据卡的版本，来简化文件的历史信息。

　　步骤5　再次修改文件　双击打开文件"DOC-XXXXXX. docx"，再次修改文件内容，保存并退出 Word 程序。

　　步骤6　检入更改后文件　【版本】选项卡表明文件已被更改。右键单击文件"DOC-XXXXXX. docx"，并选择【检入】。勾选【覆盖最新版本】复选框，此时不再需要保持检出，在【评论】区输入一些注释，单击【检入】。

4.5　当地文件版本

　　当用户在 Windows 资源管理器的文件视图区选取一个文件时，保存在当地工作文件夹中的文件版本会在【版本】选项卡上显示，如 ⊖ Version 1/1 。【版本】选项卡上的第一个数字表示当地版本，第二个数字表示库中的最新版本，"−"表示当地文件版本已被修改。也可以通过显示文件属性的方式，查看保存在当地的文件版本。

　　要改变当前所查看的文件版本，需要用到【获取最新版本】或【获取版本】选项。

4.6　获取最新版本

　　获取文件最新版本的操作方法如下。

知识卡片	获取最新版本	● 右键单击所选文件，选择【获取最新版本】。 ● 从 SOLIDWORKS PDM 菜单中单击【操作】/【获取最新版本】。

　　如果具有相应权限，在进行文件版本获取操作时，文件便会被复制到当地硬盘上的工作文件夹中。

　　如果对一个文件夹使用【获取最新版本】，那么文件夹中所有文件（包括子文件夹中的文件）的最新版本都会被获取。

4.7　获取版本

　　获取文件的一个早期版本的操作方法如下。

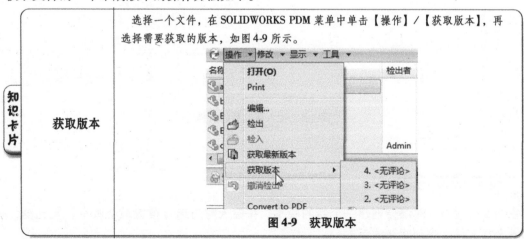

图4-9　获取版本

　　只要具有相应权限，系统会把所选的文件版本复制到当地工作文件夹中。

4.8　替换检出的文件

如果文件已被当前用户检出过，【获取最新版本】和【获取版本】便会用所获取版本的文件替换之前检出的文件。

系统会弹出对话框加以确认，询问是否以最新版本的文件替换当地已检出的文件，如图 4-10 所示。单击【是】，即可获得所选版本。

图 4-10　确认是否替换检出的文件

步骤 7　获取早期版本　打开文件夹"Legacy Designs \ PRJ-XXXXXX"，右键单击文件"DOC-XXXXXX. docx"，并选择【获取版本】，然后选择文件的一个早期版本。

单击【版本】选项卡，查看相关信息，如图 4-11 所示。

步骤 8　获取最新版本　右键单击文件"DOC-XXXXXX. docx"，并选择【获取最新版本】。单击【版本】选项卡，查看相关信息。

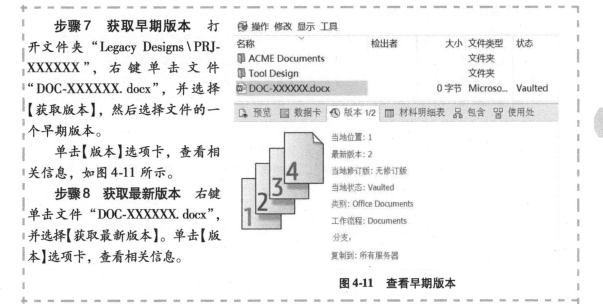

图 4-11　查看早期版本

4.9　撤消检出

要取消当前用户对文件的检出，使文件库中的文件不发生变更，需要用到【撤消检出】功能。其操作步骤如下：

1）右键单击文件，选择【撤消检出】。

2）弹出【撤消检出】对话框，如图 4-12 所示。

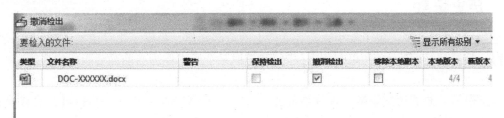

图 4-12　【撤消检出】对话框

> **提示** 如果文件在检出后被修改，那么在执行【撤消检出】时会出现警告，如图4-13 所示。

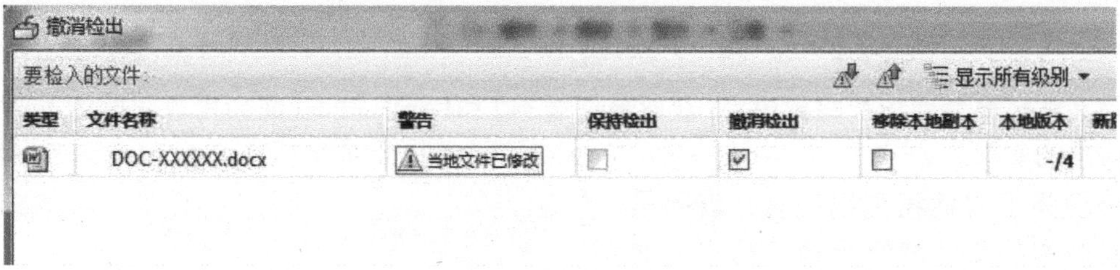

类型	文件名称	警告	保持检出	撤消检出	移除本地副本	本地版本	新
📄	DOC-XXXXXX.docx	⚠当地文件已修改	☐	☑	☐	-/4	

图 4-13　弹出警告

3）单击【撤消检出】，继续操作。

> ⚠ **注意** 一旦执行【撤消检出】操作，在文件当地副本上所做的任何修改都会丢失，文件也不再处于检出状态。如果检出的文件在撤消检出前被修改过，当地副本会被删除；反之，如果检出的文件在撤消检出前没有被修改过，当地副本会被保留。

步骤9　获取早期版本 打开文件夹 "Legacy Designs\PRJ-XXXXXX"，右键单击文件 "DOC-XXXXXX.docx"，并选择【获取版本】，选择文件以前的一个版本，如图4-14 所示。

图 4-14　获取早期版本

步骤10　检出文件 右键单击文件 "DOC-XXXXXX.docx"，并选择【检出】。注意到之前的当地版本已被最新版本覆盖。

步骤11　撤消检出 右键单击文件 "DOC-XXXXXX.docx"，并选择【撤消检出】。在弹出的对话框中单击【撤消检出】完成撤消操作。

4.10　历史记载

【记载属于】对话框记录了发生在所选文件上的全部操作，提供了文件版本比较（如果浏览软件支持）、恢复到早期版本（如果有相应权限）和选取某个版本作为当前激活版本的功能。

步骤12　查看历史记载 右键单击文件 "DOC-XXXXXX.docx"，并选择【历史记载】，浏览在所选文件上的所有操作，如图4-15 所示。

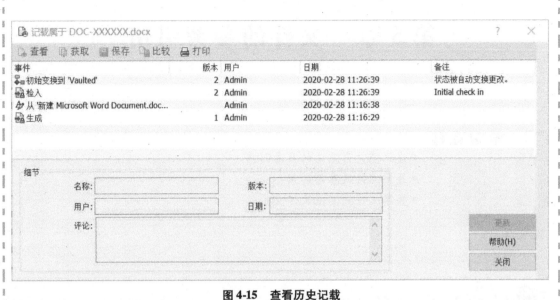

图 4-15　查看历史记载

练习　修订文件版本

本练习将创建一个新文件，然后修改文件并生成新版本，再获取文件的早期版本和最新版本，之后撤消文件的检出，最后查看文件的记载。

操作步骤

步骤1　打开 Windows 资源管理器

步骤2　登录 SOLIDWORKS PDM　使用自己的用户名称及密码登录。

步骤3　新建 "specification" 文件　进入 "Projects\P-00003\Specifications" 文件夹，从模板新建一个 "specification" 文件，然后检入到文件库中。

步骤4　检入文件　检出新建的 "specification" 文件，修改文件然后保存并关闭文件，再将文件检入到库中。

步骤5　获取版本　获取文件的一个早期版本，查看【版本】选项卡的变化。

步骤6　获取最新版本　检出文件，查看【版本】选项卡的变化。打开文件，做一些修改，然后保存并关闭文件。不要把文件检入库，查看【版本】选项卡的变化。

步骤7　撤消检出　撤消检出文件，查看【版本】选项卡的变化。

步骤8　查看历史记载　查看文件的历史记载。

第5章 文件的参考引用

学习目标

- 建立用户自定义的参考引用
- 复制文件及参考引用
- 共享文件到其他文件夹

对于CAD文件，可以把零件作为参考关联到装配体，或者把零件或装配体关联到工程图等。有时用户还希望建立Office文件、PDF文件以及图片等之间的关联，这时用户可以手动在文件间定义参考引用。这便于用户把相关的文件绑定在一起，当使用父文件时，子文件会自动显示。

例如：

- Microsoft Excel电子表格与Microsoft Word文件关联。
- 发动机的3D组件与PDF说明书文件关联。
- 模型的数码图片与SOLIDWORKS工程图关联。

5.1 建立、移除参考引用

用户可以在文件之间建立自定义的参考引用，当使用父文件时，其参考引用会自动显示。

（1）建立用户自定义参考引用的步骤

1）右键单击父文件，选择【检出】。

2）选择要参考引用的文件。

3）右键单击文件，选择【复制】。

4）右键单击父文件，选择【粘贴为参考引用】。

5）在【生成文件参考引用】对话框中，设置选项并单击【确定】。

①添加参考引用：给文件添加参考引用。

②在材料明细表中显示：包含父文件中文件的材料明细表。

③数量：设置参考文件的数量，此数应用于【在材料明细表中显示】和【使用处】，在【在材料明细表中显示】显示参考引用。

6）检入父文件。

7）检查参考引用，选取父文件并单击【包含】选项卡。

（2）移除参考引用的步骤

1）检出父文件。

2）在【包含】选项卡上，单击【自定义参考】⬛。

3) 在【自定义参考】对话框中：

①移除参考引用时，取消勾选【参考引用】复选框。

②移除与材料明细表的参考引用时，取消勾选【在材料明细表中显示】复选框。

③编辑数量时，输入新的数值。

4) 单击【确定】。

5) 检入父文件。

 提示　　只有文件检入后，编辑或移除的参考引用才会更新在【包含】选项卡中。

5.2　学习实例：文件的参考引用

本实例将阐述如何管理文件的参考引用。

操作步骤

步骤1　登录　用自己的用户名称和密码登录"ACME"库。

步骤2　生成参考引用　进入"Legacy Designs\PRJ-XXXXXX\ACME Documents"文件夹，右键单击"Misc Grill Information. xlsx"，选择【检出】。在同一文件夹，右键单击"Pedestal Comp. jpg"，选择【复制】，再右键单击"Misc Grill Information. xlsx"，选择【粘贴为参考引用】，如图5-1 所示。

扫码看视频

类型	文件名称	警告	添加多...	在材料...	数量	查
📊	◢ Misc Grill Information.xlsx		☐	☐		
🖼	Pedestal Comp.jpg		☑	☑	1	

图5-1　生成参考引用

单击【确定】。检入"Misc Grill Information. xlsx"，如图5-2 所示。

类型	文件名称	警告	检入	保持
📊	◢ Misc Grill Information.xlsx		☑	☐
🖼	Pedestal Comp.jpg		☐	☐

图5-2　【检入】对话框

步骤3　查看参考引用　单击【包含】选项卡，确认参考引用，如图5-3 所示。

步骤4　移除参考引用　右键单击"Misc Grill Information. xlsx"，选择【检出】（不检出 jpg 文件）。切换至【包含】选项卡，单击【自定义参考】。选择"Pedestal Comp. jpg"，取消勾选【参考引用】复选框，单击【确定】，如图5-4 所示。

43

检入 "Misc Grill Information. xlsx"。

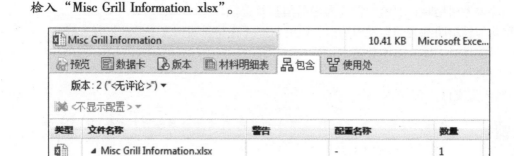

图 5-3   查看参考引用

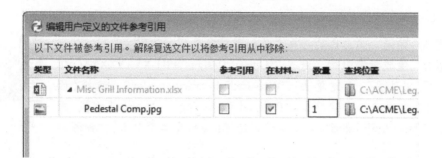

图 5-4   移除参考引用

5.3   复制含有参考引用的文件

可以复制含有参考引用的父文件，生成一个新的与原来毫不相关的文件。例如，用户可以复制一个文件集，并以此为基础新建文件集；或复制一个装配体作为新产品的开发基础。复制含有参考引用的文件，可以使其下的所有相关零件、图纸得以重用，而不必再次重建。

复制含有参考引用的文件的步骤如下：

1）单击父文件，选择【工具】/【复制树】。

2）在对话框中单击【浏览】，指定目标路径。

3）选定一种复制文件的方式：

①复制文件到文件夹：复制全部参考引用文件到目标文件夹。

②复制文件到压缩的档案：将全部参考引用文件压缩后保存在目标文件夹中。选用的压缩工具在 SOLIDWORKS PDM 中设置。如果未指定压缩工具，则会生成 Windows 压缩档案。

4）重命名复制过来的文件，可选择【转换操作】中的一种重命名方式：

①增加文件前缀，单击【添加前缀】。

②增加文件后缀，单击【添加后缀】。

③替换文件或文件夹的名称，单击【替换】。在【替换】对话框的【查找对象】中输入要替换的字符串，在【替换为】中输入替换字符串。如更换文件名称或文件夹名称，或者两者都要替换，选取【文件名称】、【文件夹】或者两者都选取。

④使用序列号命名文件，单击【使用序列号重命名】。在【使用序列号重新命名】对话框的【序

列号】中下拉选择一种序列号或者选择【Do Not Rename】。对于每一种文件类型，可以选择不同的序列号。如果序列号在 SOLIDWORKS 插件中与某一文件类型关联，则该序列号会默认选定。

> 如果勾选了【以其模型名称命名工程图】复选框，序列号选项若与【以其模型名称命名工程图】指定的名称有冲突，则会被忽略。

> 用户也可以在文件列表中右键单击文件，选择【以其模型名称命名工程图】。如果所有选定的文件具有在 SOLIDWORKS 插件中定义的相同序列号，则该序列号是黑体，并且位于列表的首位。

对于所有的转换操作，如果在调用转换命令前选取了一个或者多个文件，则在【应用到】选取以下之一：

①所有。该转换应用于所有复制文件。

②仅限所选。该转换仅应用于选择的文件。

5）设置其余的选项：

①保留相对路径。保留相对于复制的父文件的参考路径，根据需要创建文件夹结构。当不勾选【保留相对路径】复选框时，文件夹层次结构将被平展，并且所有参考文件将移至与父文件夹相同的目标文件夹。

②在卡中重新生成序列号。如果使用序列号，则依次指定下一个号码。对于使用序列号重新命名的转换，用来命名文件的相同序列号也用于【数据卡】选项卡中。

③包括工程图。复制参考引用树时，相关的工程图文件（.slddrw、.dwg、.idw 等）也包括在内。

④包括模拟。复制参考引用树时，相关的分析结果文件也包括在内。

⑤以其模型名称命名工程图。将工程图文件名称设定为与其关联的装配体或零件文件的名称相同。

⑥选择要使用的版本：

● 最新版。

● 参考引用。复制参考引用版本而不是最新版本。

⑦复制时检入。新建一个文件后，系统自动地将文件检入到库中。

6）在【复制】列下选取参考引用。

7）单击【复制】。

> 文件列表可通过任何列中的信息进行过滤。此外，无论【复制】复选框是否勾选，无论文件名称有没有被替换，文件列表都可通过文件类型进行过滤。

列可以增加或者移除。右键单击文件列表任何列的名称，选取要增加或移除的列。选择【更多】选项，文件库中的任何变量都可以创建新的列。新复制的零件采用新的版本记载开始记录。

5.4 学习实例：复制文件与参考引用

本实例将介绍如何创建复制的 SOLIDWORKS 装配体和参考引用。

45

操作步骤

步骤1　创建文件夹　进入 "Projects\P-00004\CAD Files" 文件夹，创建 "New Support Frame" 文件夹。

步骤2　复制文件　进入 "Projects \ P-00004 \ CAD Files \ Support Frame" 文件夹，单击 "Support_Frame. SLDASM"，选择【工具】/【复制树】。将 "Projects \ P-00004 \ CAD Files \ New Support Frame" 作为【默认目标】。

扫码看视频

在 SOLIDWORKS PDM 专业版中，勾选【在卡中重新生成序列号】复选框，并勾选【包括工程图】复选框，如图5-5所示。

图5-5　复制文件

对于 SOLIDWORKS PDM 专业版，在【转换操作】区域中选择【使用序列号重命名】，设置【序列号】，单击【确定】，如图5-6所示。

对于 SOLIDWORKS PDM 标准版，在【转换操作】区域中选择【添加前缀】，在【前缀:】中输入 "New_"，单击【确定】。

勾选【复制时检入】复选框，输入评论 "New Support Frame Design"，单击【复制】。

步骤3　查看新建文件　进入 "Projects\P-00004\CAD Files\New Support Frame"，查看新建文件，如图5-7所示。

图 5-6　使用序列号重新命名

名称	检出者	大小	文件类型	状态	已修
NEW_CAD-00000137		264.79 KB	SOLIDWORKS ...	Work in Pr...	201
NEW_CAD-00000138		195.95 KB	SOLIDWORKS ...	Work in Pr...	201
NEW_CAD-00000139		164.14 KB	SOLIDWORKS ...	Work in Pr...	201
NEW_CAD-00000140		100.7 KB	SOLIDWORKS ...	Work in Pr...	201
NEW_CAD-00000141		141.79 KB	SOLIDWORKS ...	Work in Pr...	201
NEW_CAD-00000142		115.21 KB	SOLIDWORKS ...	Work in Pr...	201
NEW_CAD-00000143		81.47 KB	SOLIDWORKS ...	Work in Pr...	201
NEW_CAD-00000144		100.81 KB	SOLIDWORKS ...	Work in Pr...	201
NEW_CAD-00000145		165.04 KB	SOLIDWORKS ...	Work in Pr...	201
NEW_CAD-00000146		120.88 KB	SOLIDWORKS ...	Work in Pr...	201

预览　数据卡　版本 1/1　材料明细表　包含　使用处

版本: 1 ("<生成>") ▾

Teak <活动配置> ▾

类型	文件名称	警告	配置名称	数量	版本	检
	◢ NEW_CAD-00000137.SLDASM		Teak	1	1/1	
	Binding Head Screw.SLDPRT		1	8	1/1	
	Flat Head Screw.SLDPRT		1	14	1/1	

图 5-7　查看新建文件

5.5　移动含参考引用的文件

与复制含参考引用的文件类似，SOLIDWORKS PDM 专业版也可以移动含参考引用的文件。
移动含参考引用的文件步骤如下：
1）选择父文件，然后单击【工具】/【移动树】。

47

2）在对话框中单击【浏览】，指定目标路径。

3）改变父文件名称，在【转换操作】中选择相应的选项：

①增加文件前缀，单击【添加前缀】。

②增加文件后缀，单击【添加后缀】。

③替换文件或文件夹的名称，单击【替换】。在【替换】对话框的【查找对象】中输入要替换的字符串，在【替换为】中输入替换字符串。如更换文件名称或文件夹名称，或者两者都要替换，选取【文件名称】、【文件夹】或者两者都选取。

④使用序列号命名文件，单击【使用序列号重命名】。在【使用序列号重新命名】对话框中，在【序列号】中下拉选择一种序列号或者选择【Do Not Rename】。对于每一种文件类型，可以选择不同的序列号。如果序列号在 SOLIDWORKS 插件中与某一文件类型关联，则该序列号会默认选定。

4）设置其余的选项：

①保留相对路径。保留相对于复制的父文件的参考路径，根据需要创建文件夹结构。当不勾选【保留相对路径】复选框时，文件夹层次结构将被平展，并且所有参考文件将移至与父文件夹相同的目标文件夹。

②在卡中重新生成序列号。如果使用序列号，则依次指定下一个号码。对于使用序列号重新命名的转换，用来命名文件的相同序列号也用于【数据卡】选项卡中。

③包括工程图。复制参考引用树时，相关的工程图文件（.slddrw、.dwg、.idw 等）也包括在内。

④包括模拟。复制参考引用树时，相关的分析结果文件也包括在内。

5）在文件列表的【移动】列下选取要移动的参考引用。

6）单击【移动】。文件移动之后记录文件版本历史。

SOLIDWORKS PDM 标准版不存在【移动树】。但是，只要具备移动文件与移动文件夹权限，同样可以手动移动文件夹。

5.6 学习实例：移动含参考引用的文件

本实例将介绍如何移动含有参考引用的文件。创建一个零部件文件夹，并将除顶级装配体和工程图之外的文件全部拖放到这个文件夹中。

操作步骤

步骤 1　创建文件夹　进入 "Projects\P-00004\CAD Files\New Support Frame" 文件夹，创建 "Components" 文件夹。

步骤 2　移动文件　在 "New Support Frame" 文件夹中选中顶级装配体，选择【工具】/【移动树】，弹出【移动树】对话框。

扫码看视频

将 "Projects\P-00004\CAD Files\New Support Frame\Components" 作为【默认目标】，勾选【包括工程图】复选框，如图 5-8 所示。

取消勾选【保留相对路径】复选框，并取消勾选顶级装配及工程图的【移动】复选框。单击【移动】。

步骤 3　查看文件　打开 "Components" 文件夹，查看移动的文件，如图 5-9 所示。

48

默认目标:	C:\ACME\Projects\P-00004\CAD Files\New Support Frame\Components

▼ 设置

选项:　　☐ 包括模拟　　　　　　　　☐ 保留相对路径
　　　　　☑ 包括工程图　　　　　　　☐ 在卡中重新生成序列号

过滤器显示　＝　[　　　　　　　　　]　在　　所有列 ▼

类型	文件名称	警告	移动	版本	检出者	检出于
🖼	◣NEW_CAD-00000138.SLDDRW		☐	1/1		
⚙	▲ NEW_CAD-00000137.SLDASM		☐	1/1		
🔩	Binding Head Screw.SLDPRT		☐	1/1		
🔩	Flat Head Screw.SLDPRT		☐	1/1		
🖼	◣NEW_CAD-00000140.SLDD...		☑	1/1		
🧩	NEW_CAD-00000139.SLDPRT		☑	1/1		
🖼	◣NEW_CAD-00000142.SLDD...		☑	1/1		
🧩	NEW_CAD-00000141.SLDPRT		☑	1/1		
⚙	▲ NEW_CAD-00000143.SLDASM		☑	1/1		
🧩	NEW_CAD-00000144.SLDP...		☑	1/1		

图 5-8　移动文件

计算机 ▶ 本地磁盘 (C:) ▶ ACME ▶ Projects ▶ P-00004 ▶ CAD Files ▶ N

组织 ▼

操作 ▼　修改 ▼　显示 ▼　工具 ▼

📁 PDF
📁 Projects
　📁 P-00001
　📁 P-00002
　📁 P-00003
　📁 P-00004
　　📁 CAD Files
　　　📁 New Support Frame

名称
🧩 NEW_CAD-00000139
🖼 NEW_CAD-00000140
🧩 NEW_CAD-00000141
🖼 NEW_CAD-00000142
⚙ NEW_CAD-00000143
🧩 NEW_CAD-00000144

图 5-9　查看文件

5.7　共享文件

SOLIDWORKS PDM 专业版允许文件共享。共享文件可同时存在于两个或多个文件夹中。在浏览视图中，用加号图标来标记共享文件。一旦从某个位置检出共享文件，则检出其所有实例；

同样，保存更改并检入共享文件，则更新其所有实例。同一时间，一个共享文件只能被一位用户检出。

共享文件的操作步骤如下：

1）右键单击需要共享的文件，选择【复制】。

2）右键单击目标文件夹，选择【粘贴共享】。

练习　文件的参考引用

本练习将创建一个用户自定义的参考引用，以及复制一个装配体文件。

操作步骤

步骤1　打开 Windows 资源管理器

步骤2　登录 SOLIDWORKS PDM　使用自己的用户名称和密码登录。

步骤3　创建用户自定义的文件参考引用　浏览"Legacy Designs \ PROJ-XXXXXX \ 2009 Grill Documents"文件夹，将"Misc Grill Information. xlsx"文件作为参考引用，添加关联到"Grill_Trends_Web"文件。

步骤4　复制装配体文件　浏览"Tool Vise"文件夹，创建装配体"tool vise. SLDASM"的一个副本，使其包括所有的零件参考及工程图，添加文件前缀"MOD-"，再将新文件置于名为"Tool Vise"的文件夹中。浏览"Tool Vise"文件夹，检入所有的新建文件。

第6章 搜 索

学习目标
- 搜索文件库中的特定文件和属性
- 创建搜索收藏夹

6.1 SOLIDWORKS PDM 搜索概述

在 SOLIDWORKS PDM 文件库查找文件或文件夹时，可以使用 SOLIDWORKS PDM 搜索功能，用户可以通过名称、代号等条件进行搜索。

1. 嵌入式搜索 嵌入式搜索让用户可在 Windows 资源管理器（如打开和另存为）等基于标准文件的对话框中搜索文件和文件夹。嵌入式搜索直接在 Windows 资源管理器中打开，如图 6-1 所示。

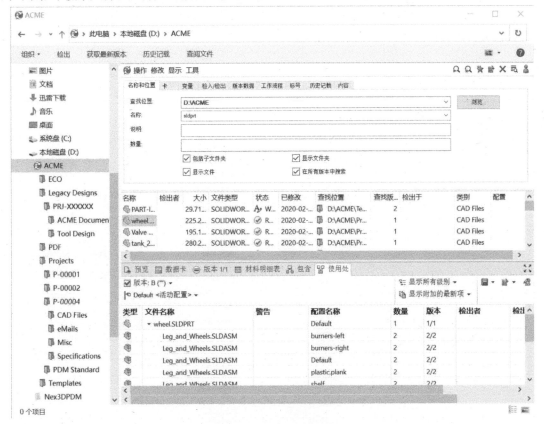

图 6-1 嵌入式搜索界面

知识卡片

嵌入式搜索

- 在 SOLIDWORKS PDM 菜单栏上单击【打开搜索】🔍 图标。
- 当执行搜索操作时，会在 SOLIDWORKS PDM 的菜单栏中看到嵌入式搜索命令，见表 6-1。

表 6-1　嵌入式搜索命令

工具图标	命　令	说　　明
🔍	开始搜索	搜索开始
🔍	停止搜索	搜索停止
🔍	清除搜索	清除搜索条件
★	收藏搜索	让用户将搜索结果保存为收藏搜索，或选择现有的收藏搜索
📖	打开搜索	在窗格右上角打开基于文件的搜索形式
✕	关闭搜索	关闭搜索视图，返回至文件视图

2. 搜索工具　SOLIDWORKS PDM 专业版包含搜索工具。搜索工具(见图 6-2)可以搜索用户和条目的非文件数据，也可以搜索文件和文件夹。它会在单独的窗口中打开。

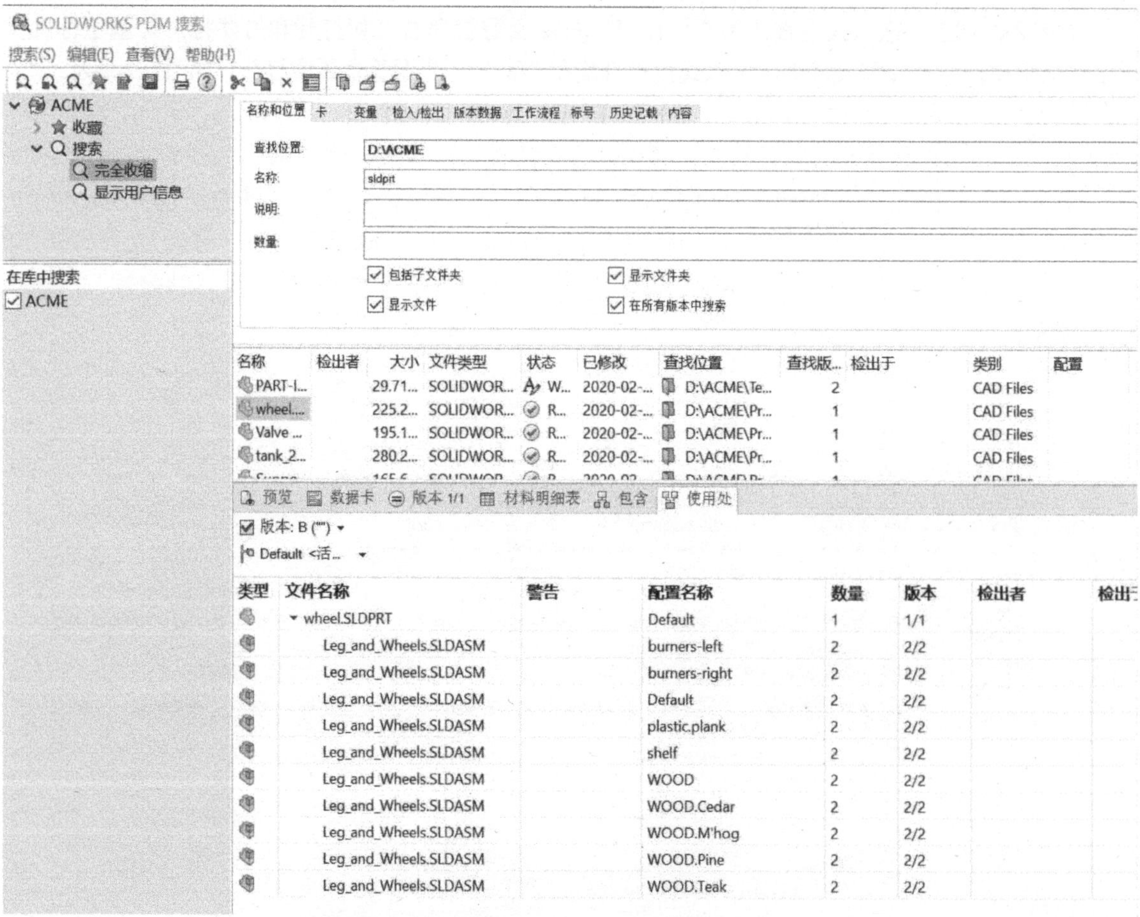

图 6-2　【SOLIDWORKS PDM 搜索】对话框

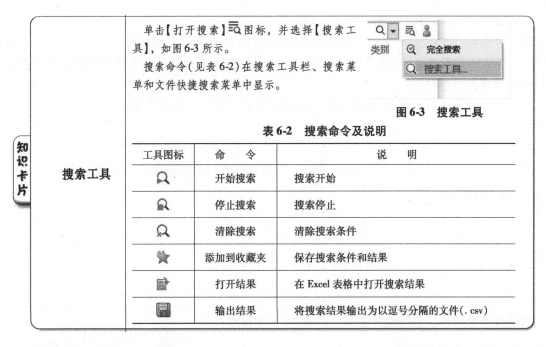

知识卡片　搜索工具

单击【打开搜索】图标，并选择【搜索工具】，如图6-3所示。

搜索命令（见表6-2）在搜索工具栏、搜索菜单和文件快捷搜索菜单中显示。

类别　　Q 完全搜索　　Q 搜索工具...

图6-3　搜索工具

表6-2　搜索命令及说明

工具图标	命　令	说　明
Q	开始搜索	搜索开始
Q	停止搜索	搜索停止
Q	清除搜索	清除搜索条件
★	添加到收藏夹	保存搜索条件和结果
▤	打开结果	在 Excel 表格中打开搜索结果
💾	输出结果	将搜索结果输出为以逗号分隔的文件（.csv）

6.2　搜索的名称和位置

使用搜索工具，选择【完全搜索】。切换至【名称和位置】选项卡，如果已知文件名（或部分文件名），在【名称】一栏中输入文件名及扩展名（也可不添加扩展名），再单击【浏览】按钮，在【查找位置】一栏中设定搜索范围（文件库或文件夹）。

用户不需要输入完整的文件名，有部分文件名即可，也可以使用"＊"或"?"通配符进行搜索。SOLIDWORKS PDM 将找到所有名称中含有输入字符串的文件。

提示　如果【名称】栏为空，SOLIDWORKS PDM 会找出保存在【查找位置】设定范围内的所有类型的全部文件，如图6-4所示。

53

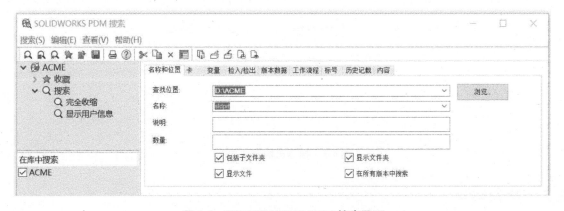

图6-4　SOLIDWORKS PDM 搜索界面

可以同时搜索名称不同的多个文件，在【名称】一栏中输入多个代表文件名称的值，中间用空格或逗号隔开。例如，"fax. doc, frame * dep. pdf, * frame. dwg"的搜索结果为：

- 所有以"fax. doc"结尾的 doc 文件。
- 所有文件名中包含字符串 frame 和 dep 的 pdf 文件。

● 所有以"frame. dwg"结尾的 dwg 文件。

要搜索某种类型的全部文件，可以使用通配符设置搜索值。例如输入"＊. pdf"，SOLID-WORKS PDM 将找出所有的 pdf 文件。也可以输入多个扩展名，以搜索多种类型的文件，扩展名之间用空格或逗号隔开。

【名称】一栏的下拉菜单中记载了最近的搜索用值。可以选择其中某个值进行搜索，而不必再次输入。

勾选【包括子文件夹】复选框，搜索范围将包括所选文件夹下面的全部子文件夹。

勾选【在所有版本中搜索】复选框，将在文件数据卡的所有版本中进行搜索。

6.3 开始搜索

定义好搜索条件后，即可开始搜索。

知识卡片	开始搜索	● 在菜单栏中单击【搜索】/【开始搜索】。 ● 单击工具栏上的【开始搜索】🔍。

要清除搜索条件以进行新的搜索，请单击【清除搜索】🔍。

6.4 搜索检出的文件

大多数情况下，搜索已检出的文件功能对用户非常重要。这些文件通常需要按一定周期检入（至少一天检入一次）。为了找出这些文件，搜索引擎允许根据检出条件进行搜索。

【检入/检出】选项卡允许用户搜索以下文件：

● 检入的文件。
● 检出的文件。
● 被特定用户检出的文件。

对用户来说，搜索特定用户检出的文件功能是非常有用的，方法是勾选【显示检出的文件】复选框，然后从列表中选择用户名，如图 6-5 所示。

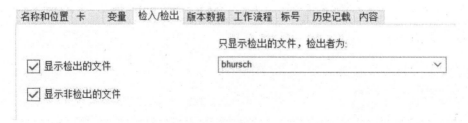

图 6-5 搜索已检出的文件

6.5 搜索结果

搜索定义区的下方是搜索结果列表，再往下是预览区。选中搜索结果列表中的某个文件，下方会显示该文件的预览、文件数据卡及其他相关信息，如图 6-6 所示。

SOLIDWORKS PDM 搜索

搜索(S) 编辑(E) 查看(V) 帮助(H)

名称和位置 卡 变量 检入/检出 版本数据 工作流程 标号 历史记载 内容

查找位置:	D:\ACME
名称:	sldprt
说明:	
数量:	

☑ 包括子文件夹　　　☑ 显示文件夹
☑ 显示文件　　　☑ 在所有版本中搜索

名称	检出者	大小	文件类型	状态	已修改	查找位置	查找版本	检出于	类别	配置
PART-I...		29.71	SOLIDWOR...	W...	2020-02-...	D:\ACME\Te...	2		CAD Files	
wheel...		225.2...	SOLIDWOR...	R...	2020-02-...	D:\ACME\Pr...	1		CAD Files	
Valve...		195.1...	SOLIDWOR...	R...	2020-02-...	D:\ACME\Pr...	1		CAD Files	
tank_2...		280.2...	SOLIDWOR...	R...	2020-02-...	D:\ACME\Pr...	1		CAD Files	
Supp...		165.6	SOLIDWOR...	R...	2020-02...	D:\ACME\P...			CAD Files	

预览 数据卡 版本 1/1 材料明细表 包含 使用处

☑ 版本: B ("") ▼
Default <活... ▼

类型	文件名称	警告	配置名称	数量	版本	检出者	检出
	▼ wheel.SLDPRT		Default	1	1/1		
	Leg_and_Wheels.SLDASM		burners-left	2	2/2		
	Leg_and_Wheels.SLDASM		burners-right	2	2/2		
	Leg_and_Wheels.SLDASM		Default	2	2/2		
	Leg_and_Wheels.SLDASM		plastic.plank	2	2/2		
	Leg_and_Wheels.SLDASM		shelf	2	2/2		
	Leg_and_Wheels.SLDASM		WOOD	2	2/2		
	Leg_and_Wheels.SLDASM		WOOD.Cedar	2	2/2		
	Leg_and_Wheels.SLDASM		WOOD.M'hog	2	2/2		
	Leg_and_Wheels.SLDASM		WOOD.Pine	2	2/2		
	Leg_and_Wheels.SLDASM		WOOD.Teak	2	2/2		

图6-6　搜索界面及结果

右键单击一个文件,可以访问绝大多数 SOLIDWORKS PDM 选项。

双击文件名,或者用右键单击文件,选择【打开】可以打开文件。

要清除所有搜索条件并创建一个新搜索,可单击【清除搜索】。

6.6　学习实例:搜索

要在 SOLIDWORKS PDM 文件库中查找某个文件或文件夹,可以使用 SOLIDWORKS PDM 搜索功能。用户可以采用多种方式搜索文件,如输入文件名、数据卡中特定的变量值、工作流程状态、用户名等。

操作步骤

步骤1 登录　使用管理员提供的用户名称和密码登录"ACME"库。

步骤2 定义搜索条件　单击【打开搜索】,选择【完全搜索】,如图6-7所示。

扫码看视频

提示 当前活动的搜索命令将会有一个绿色的 √ 标记在命令名称前。

在【名称】中输入"slddrw",在【查找位置】中单击【浏览】,选取"ACME"库。

图 6-7 选择【完全搜索】

提示 当搜索工具开始执行时会出现一个路径的字段。

单击【开始搜索】 ,搜索结果显示在文件结果区中,如图 6-8 所示。

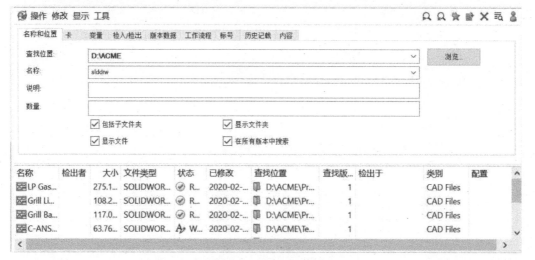

图 6-8 搜索结果

步骤 3 定义新的搜索 单击【清除搜索】 ,清除之前的搜索条件。在【名称】中输入"B",查找文件名中含有字符 B 的所有文件。【查找位置】选取"ACME \ Legacy Designs \ PRJ-XXXXXX"文件夹。单击【开始搜索】 ,搜索结果显示在文件结果区中。

6.7 收藏搜索

SOLIDWORKS PDM 专业版允许搜索条件保存到搜索收藏夹中。每个用户可设定自己的收藏内容,其他用户无法看到。拥有系统管理员权限的用户可以创建能被其他用户使用的收藏。

收藏搜索不会记住之前的搜索结果,但会记住用于寻找文件或文件夹的搜索条件,如图 6-9 所示。

创建收藏搜索的步骤如下:

1)定义搜索条件。

2)单击【添加到收藏夹】 。

3)给新建收藏搜索命名。

收藏会被添加到菜单上,当用户在文件库视图中单击右键时,它将显示在右键菜单中。

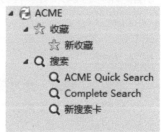

图 6-9 收藏搜索

提示 SOLIDWORKS PDM 标准版不允许创建搜索收藏夹。

步骤4 创建收藏搜索 启动嵌入式搜索工具,选择【ACME Quick Search】。在【Drawing Number】中输入"CAD",在【Description】中输入"grill",如图 6-10 所示。单击【开始搜索】🔍,搜索结果显示在文件结果区中。单击【添加到收藏夹】(见图 6-11),命名为"Grill CAD",设置权限并且单击【确定】。

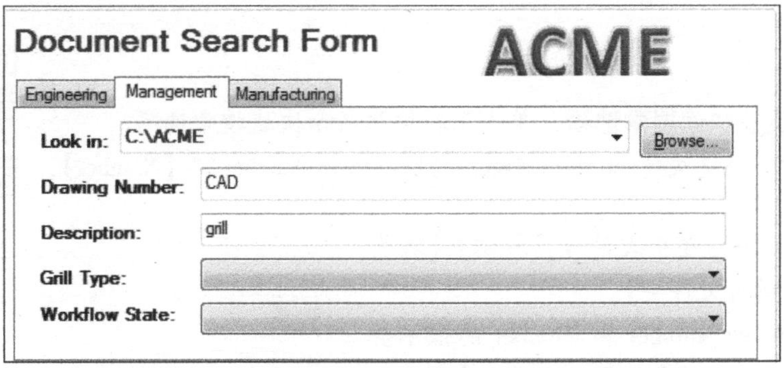

Document Search Form   **ACME**

Engineering | Management | Manufacturing

Look in: C:\ACME   Browse...

Drawing Number: CAD

Description: grill

Grill Type:

Workflow State:

图 6-10 创建收藏夹

步骤5 使用收藏夹搜索 通过【打开搜索】🔍改变现在的搜索选项。选取搜索收藏夹"Grill CAD",如图 6-12 所示。

图 6-11 添加到收藏夹

图 6-12 选取搜索收藏夹

步骤6 关闭嵌入式搜索 通过单击【关闭搜索】✕,关闭嵌入式搜索

步骤7 建立收藏夹以查找检出文件 注销管理账户并登录自己的账户。开启嵌入式搜索工具,选择【ACME Quick Search】。勾选【Display checked out files】复选框,并在【Only display files checked out by】中输入用户名(见图 6-13),单击【开始搜索】🔍。

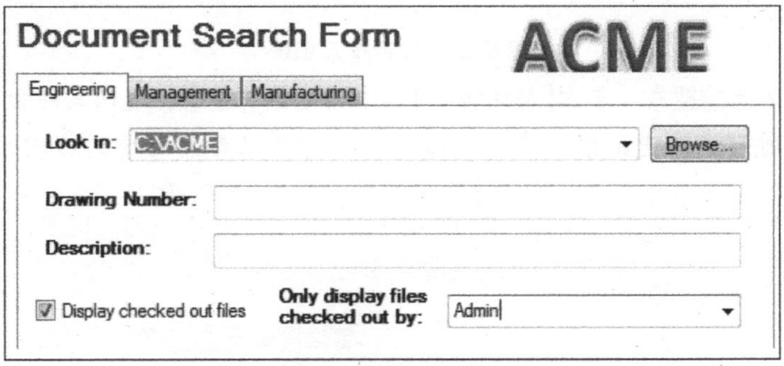

Document Search Form   **ACME**

Engineering | Management | Manufacturing

Look in: C:\ACME   Browse...

Drawing Number:

Description:

☑ Display checked out files   Only display files checked out by: Admin

图 6-13 建立收藏夹以查找检出文件

单击【添加到收藏夹】,并命名为"Checked out by me"。

6.8 学习实例：快速搜索

在 SOLIDWORKS PDM 中，使用快速搜索功能可以更快速地进行搜索。快速搜索可以搜索匹配文件名或者预先定义的变量内容。搜索范围可以是当前文件夹、当前文件夹及子文件夹或者整个文件库。快速搜索也可以通过搜索文件库中文件所有版本中的变量来实现历史版本的搜索。

操作步骤

步骤 1　设置快速搜索选项　单击下拉按钮显示快速搜索选项。

在【搜索】中选择【文件/文件夹名称】、【Document Number】和【Number】，如图 6-14 所示。

本次搜索要包括整个文件库，所以在【搜索范围】中选择【所有文件夹】。

由于 Document Number 和 Number 的值不会随版本更新而变化，在【变量搜索范围】中选择【最新版本】。

选择【所有文件夹】和【所有版本】会影响快速搜索的效率。搜索效率很大程度上取决于文件库和数据库的大小。为了提高搜索效率，建议打开搜索范围附近的文件夹，并选择【当前文件夹】或者【当前文件夹和子文件夹】。

步骤 2　定义搜索字符串　输入一个以 0 开始的 4 位数字，例如"0105"，然后单击【搜索】🔍。

在本例中，"0105"反馈了两个结果，其中一个结果的文件的 Document Number 包含

扫码看视频

图 6-14　快速搜索选项

"0105"，另二个结果的 Number 包含"0105"，如图 6-15 所示。

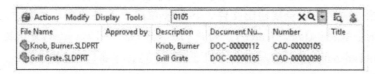

图 6-15　步骤搜索 0105

步骤 3　关闭当前搜索　单击【关闭搜索】✖来清空当前搜索，返回文件和文件夹列表。

步骤 4　回顾搜索历史记录　单击快速搜索框，可以看到之前的搜索历史记录。这些记录可以通过单击【清除搜索历史记录】来清空，如图 6-16 所示。

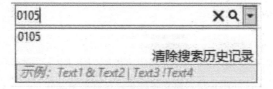

图 6-16　搜索历史记录

练习 搜索

本练习将建立一个搜索，用于查询所有自己检出的文件，并添加到收藏夹中。

操作步骤

步骤1 打开 Windows 资源管理器

步骤2 登录 SOLIDWORKS PDM 使用老师分配的用户名称和密码登录。

步骤3 检出文件 进入"Legacy Design\PRJ-XXXXXX\Tool Vise"文件夹，检出装配体"tool vise. SLDDRW"及其所有参考引用和工程图。

步骤4 搜索文件 使用搜索工具，选择【ACME Quick Search】。浏览"ACME"库用来搜索，勾选【显示检出文件】复选框。

从【只显示检出的文件，检出者为】中选取自己的登录名，单击【开始搜索】 。文件结果区中显示所有检出的文件。

 注意 按下 < Ctrl + A > 组合键可选取所有搜索结果窗口中的文件。

步骤5 从搜索结果检入文件 单击【检入文件】 ，检入全部文件。

步骤6 创建收藏 在 SOLIDWORKS PDM 专业版中，单击【添加到收藏】 ，输入"Checked out By <登录用户名>"作为新收藏夹的名称。

新的收藏夹会出现在搜索菜单中。

第7章 工作流程与通知

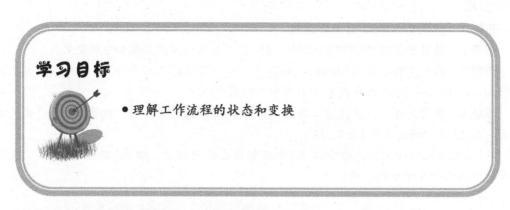

学习目标

● 理解工作流程的状态和变换

7.1 SOLIDWORKS PDM 工作流程

SOLIDWORKS PDM 工作流程用于呈现文件在预定流程中的位置。用户可以把文件关联列预定流程（由 SOLIDWORKS PDM 系统管理员配置），如通过设计流程、审批流程等移动文件。在流程中移动文件，需要通过更改其状态来实现。

7.1.1 更改文件状态

SOLIDWORKS PDM 文件库中的文件总会处在某一工作流程的某一预定义状态中。此状态决定了所选文件版本的访问权限，如图 7-1 所示。

提示
> 文件只有在被检入后，才能更改其状态。

更改文件状态的操作方法如下：

1）右键单击选中的文件，选择【更改状态】，在关联菜单中选取更改状态和相应的变换，如图 7-2 所示。

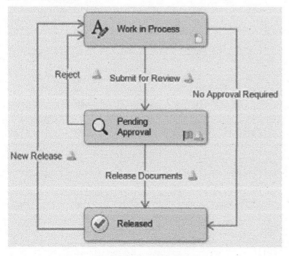

图 7-1 工作流程

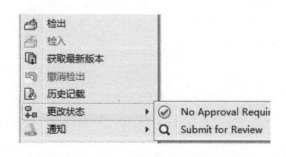

图 7-2 更改状态

子菜单中显示了所有可选的状态变换。列表显示的内容与用户在工作流程中对该状态变换拥有的权限有关。选项前面的符号表示此变换的目的状态。

2)【进行变换】对话框如图 7-3 所示。

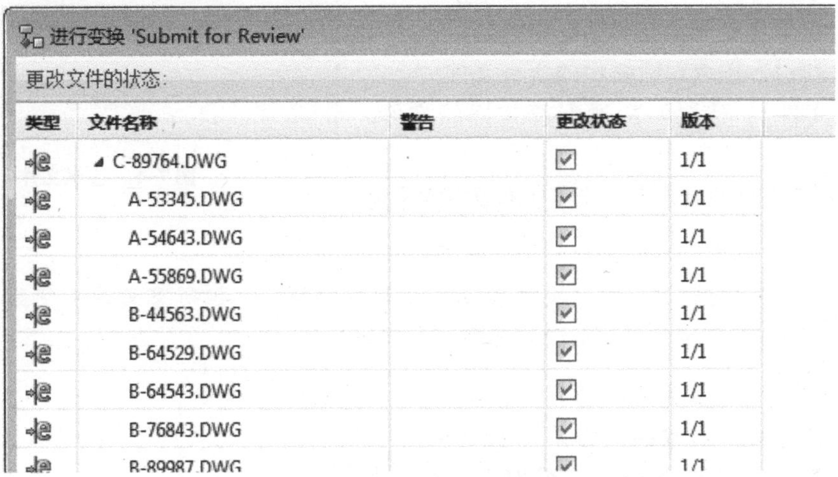

图 7-3　【进行变换】对话框

所选文件显示在列表中(如果所选文件包括对其他文件的参考引用,那么参考文件也将显示在其中),对话框的标题显示了状态的变换名称。【进行变换】对话框所包含的列见表 7-1。

表 7-1　【进行变换】对话框所包含的列

文 件 名 称	进行状态更改的文件名称
警告	显示文件是否可以更改状态,或者变换中是否存在问题: ⚠ 文件已检出——只有检入的文件才可以更改状态,执行变换前需检入文件 ⚠ 文件处于错误状态——选取的文件处于其他状态,无法从该状态变换 ⚠ 文件未找到——文件未保存在库中 ⚠ 没附加最新版本——附加的参考文件版本不是保存在服务器上的最新版本,因此,此文件的状态变换不能执行。状态变换只能在文件的最新版本上执行 ⚠ 无权更改状态——用户不具有此文件的更改状态权限 ⚠ 父关系不能更改状态——用户不具有此文件的父文件的更改状态权限 ⚠ 文件未重建——当文件或其父文件被修改时,此文件没有被重建 ⚠ 不能递增修订版:[错误]——变换操作被设置成递增文件修订版,递增修订版出错。警告符号后面的消息描述此错误的原因 ⚠ 未知文件格式——该文件格式未在 SOLIDWORKS PDM 中定义
更改状态	选取需要更改状态的文件
版本	显示需要改变状态的文件的版本。对于参考引用文件,文件库将显示附加到父文件的子文件版本
查找位置	文件所在的文件夹路径(默认不显示)
状态	文件的当前状态(默认不显示)

3)检查对话框中的文件,选中要更改状态的文件。在【评论】项中输入状态变换的注释,注释将被添加到文件的记载中。

4)单击【确定】按钮,对选中的文件执行状态变换操作。

7.1.2　附加选项

在【进行变换】对话框中单击右键，右键菜单中的选项如下：

- 【列】：选取需要显示在对话框中的列。
- 【选择所有】：选取对话框中的所有文件。
- 【选取文件】：选取匹配通配符式样的文件，如图 7-4 所示。
- 【更改所有文件的状态】：选中所有文件的【更改状态】列。

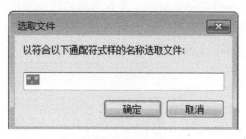

图 7-4　选取文件

> **提示** 可以同时改变多个文件在工作流程中的状态，但所有文件必须是由同一个状态变换到另一个相同的状态。

可以定义当文件转变为某状态时，相关的用户或组便可以及时收到来自系统的通知。例如，当工程师更新项目文件时，项目经理可以得到通知。也可以定义当在指定文件上发生某个操作时，用户就能立即收到通知。

设置通知的操作方法为：右键单击选中的文件，选择【通知】，然后在关联菜单中选定一个通知，如图 7-5 所示。

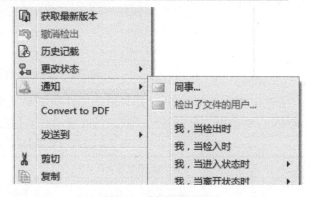

图 7-5　选择所需通知

7.2　学习实例：工作流程

本实例将改变一个 SOLIDWORKS 装配体及其参考引用文件的状态并提交审批，然后用其他用户名称登录，批准所提交的文件。通知会随后发出，并被指定的用户接收。

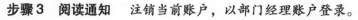

操作步骤

步骤 1　登录　用自己的用户名称和密码登录 "ACME" 库。

步骤 2　提交审批　进入 "Legacy Designs \ PRJ-XXXXXX \ Tool Design" 文件夹，右键单击 "C-89764. DWG" 文件，选择【更改状态】/【Submit for Review】。输入评论 "Submitted for approval"，如图 7-6 所示，并输入通知评论 "Please review and approve the attached documents"，然后单击【确定】。文件现在处于 "Pending Approval" 状态中。

扫码看视频

步骤 3　阅读通知　注销当前账户，以部门经理账户登录。

根据设定，每个文件提交审批后，用户都会收到通知。收到通知时，会在屏幕右下角弹出通知提示，如图 7-7 所示。

单击通知提示或任务托盘图标🔔，阅读通知，如图 7-8 所示。

步骤 4　批准文件　单击【丢弃邮件信息】，关闭【SOLIDWORKS PDM 通知（ACME）】对话框。进入 "Legacy Designs \ PRJ-XXXXXX \ Tool Design" 文件夹，右键单击 "C-89764. DWG" 文件，选择【更改状态】/【Release Documents】。

进行变换 'Submit for Review'

更改文件的状态:

类型	文件名称	警告	更改状态	版本
	◢ C-89764.DWG		☑	1/1
	A-53345.DWG		☑	1/1
	A-54643.DWG		☑	1/1
	A-55869.DWG		☑	1/1
	B-44563.DWG		☑	1/1
	B-64529.DWG		☑	1/1
	B-64543.DWG		☑	1/1
	B-76843.DWG		☑	1/1
	B-89987.DWG		☑	1/1

评论(C):

Submitted for approval

图 7-6　【进行变换】对话框

SOLIDWORKS PDM 通知　✎　×
您有 1 个新通知。
单击此处进行显示。

图 7-7　通知提示

SOLIDWORKS PDM 通知 (ACME)

🔄 转发(F)　↩ 答复(R)　✗ 丢弃邮件信息(D)▾　📥 收件箱(I)

文档已更改状态
发送: 2020/5/17 17:57:53

SOLIDWORKS PDM 通知

以下文件的状态已从 'Work in Process' 更改到 'Pending Approval'
该操作执行者为 bwhite (Bob White), 时间为 05 17 2020 5:57PM
文件名称　　　　　　　　　　　　　　　查看 获取最新的 属性 历史 文件夹
\Legacy Designs\PRJ-MYNAME\Tool Design\A-53345.DWG 查看 获取最新 属性 历史 \Legacy Designs\PRJ-MYNAME\Tool Design\
\Legacy Designs\PRJ-MYNAME\Tool Design\A-54643.DWG 查看 获取最新 属性 历史 \Legacy Designs\PRJ-MYNAME\Tool Design\
\Legacy Designs\PRJ-MYNAME\Tool Design\A-55869.DWG 查看 获取最新 属性 历史 \Legacy Designs\PRJ-MYNAME\Tool Design\
\Legacy Designs\PRJ-MYNAME\Tool Design\B-44563.DWG 查看 获取最新 属性 历史 \Legacy Designs\PRJ-MYNAME\Tool Design\
\Legacy Designs\PRJ-MYNAME\Tool Design\B-64529.DWG 查看 获取最新 属性 历史 \Legacy Designs\PRJ-MYNAME\Tool Design\
\Legacy Designs\PRJ-MYNAME\Tool Design\B-64543.DWG 查看 获取最新 属性 历史 \Legacy Designs\PRJ-MYNAME\Tool Design\
\Legacy Designs\PRJ-MYNAME\Tool Design\B-76843.DWG 查看 获取最新 属性 历史 \Legacy Designs\PRJ-MYNAME\Tool Design\
\Legacy Designs\PRJ-MYNAME\Tool Design\B-89987.DWG 查看 获取最新 属性 历史 \Legacy Designs\PRJ-MYNAME\Tool Design\
\Legacy Designs\PRJ-MYNAME\Tool Design\C-89764.DWG 查看 获取最新 属性 历史 \Legacy Designs\PRJ-MYNAME\Tool Design\
状态更改评论

图 7-8　通知内容

　　输入评论 "Approved for release ", 单击【确定】按钮。
　　文件现在处于 "Released" 状态中, 版本自动变成 "A"。

技巧　可以通过单击通知中的【文件夹】列下的已列出的链接（见图7-9）来访问文件夹。

文件夹
\Legacy Designs\PRJ-MYNAME\Tool Design\
\Legacy Designs\PRJ-MYNAME\Tool Design\
\Legacy Designs\PRJ-MYNAME\Tool Design\

图7-9　链接

练习　工作流程

本练习将提交一个 SOLIDWORKS 工程图及其参考引用文件到审批状态。

操作步骤

步骤1　打开 Windows 资源管理器

步骤2　登录 SOLIDWORKS PDM　使用老师分配的用户名称和密码登录。

步骤3　提交文件到审批　进入"Legacy Designs\PRJ-XXXXXX\Tool Vise"文件夹，右键单击"tool vise.SLDASM"文件，然后选择【更改状态】/【提交到审批】（需要事先检入文件）。

步骤4　以管理员身份登录 SOLIDWORKS PDM　注销之前登录的账户，并以管理员账户登录。

提示　根据所处的环境，用户可能在登录的时候就收到通知。若收到通知，可以随时浏览。

步骤5　提交文件到审批　进入"Legacy Designs\PRJ-XXXXXX\Tool Vise"文件夹，右键单击"tool vise.SLDASM"，选择【更改状态】，发布文件。完成后注销账户。

第8章　使用 SOLIDWORKS 工作

 学习目标
- 在 SOLIDWORKS 里加载插件
- 设置 SOLIDWORKS PDM 插件选项
- 检出 CAD 文件
- 了解 CAD 文件版本的使用方法

本章将主要讨论 CAD 文件的版本，尤其是 SOLIDWORKS 文件及其参考的版本。

8.1　SOLIDWORKS 插件

SOLIDWORKS PDM 的 SOLIDWORKS 插件提供了内集成于 SOLIDWORKS 应用程序的数据访问控制及工作流程工具。

在 SOLIDWORKS 里使用 SOLIDWORKS PDM，需要进行以下操作：

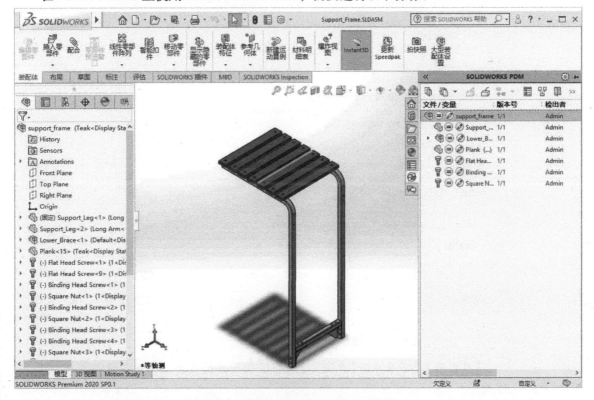

图 8-1　SOLIDWORKS PDM 插件界面

1）在 SOLIDWORKS 中单击【工具】/【插件】，选择【SOLIDWORKS PDM】，【SOLIDWORKS PDM】选项卡就会显示在任务窗格中，如图 8-1 所示。

2）打开或创建一个零件、装配体或工程图，查看 SOLIDWORKS PDM 中的文件状态。

3）通过使用任务窗格顶部的 SOLIDWORKS PDM 工具栏或者在文件上单击右键的方式，来查看 SOLIDWORKS PDM 的功能。

8.2 插件选项

用户可以通过设置客户端选项来控制文件状态的显示。选择【工具】/【SOLIDWORKS PDM】/【选项】，设置 SOLIDWORKS PDM 插件选项。

● 【服务器】选项卡允许用户设置消息选项、文件数据卡显示选项以及其他的一些选项，如图 8-2 所示。

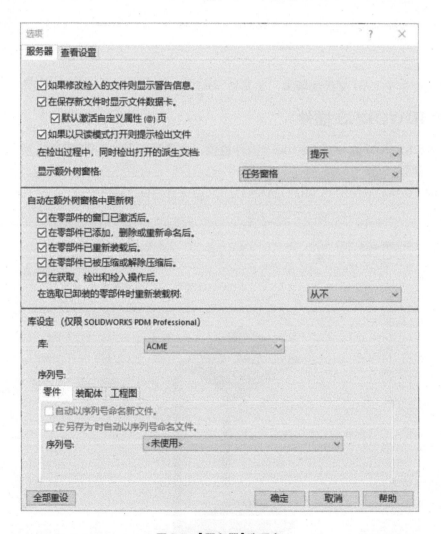

图 8-2 【服务器】选项卡

注意　【服务器】选项卡中的【库设定】包含了全局库的设定，只能被管理员用户修改。

要了解更多有关 SOLIDWORKS PDM 插件选项的信息，请参考 SOLIDWORKS 帮助文件（【帮助】/【SOLIDWORKS PDM 帮助主题】）。

- 【查看设置】选项卡允许用户控制状态和变量值在任务窗格中的显示，如图 8-3 所示。

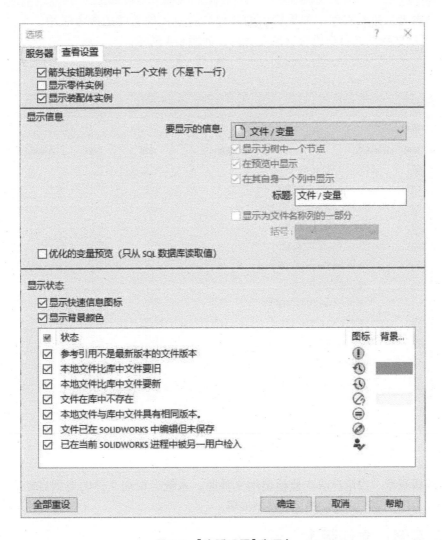

图 8-3　【查看设置】选项卡

8.3　检出文件

【检出】功能是在文件库的工作文件夹中创建最新版本文件的一个可写副本。SOLIDWORKS PDM 检出文件的方式，确保了不会存在两个用户同时编辑同一文件的情况。

如果用户想要编辑一个文件，必须首先检出该文件。

| 知识卡片 | 检出文件 | 在 SOLIDWORKS 中检出文件的步骤：
• 在绘图区、任务窗格或者 FeatureManager 设计树上选取文件。
• 右键单击所选的文件，选择【检出】，或者单击工具栏上的【检出】💾。 |

> **提示** 默认情况下，【如果以只读模式打开则提示检出文件】复选框是勾选状态，当打开一个未检出的 SOLIDWORKS 文件时，系统会弹出【检出】对话框以提示。

1. 检出含参考引用的文件 如果检出的文件含有对其他文件的参考引用，会弹出一个【检出】对话框，可以选择同时检出或获取参考文件，如图 8-4 所示。

类型	文件名称	警告	检出	获取	本地版本
🔲	◁ Support_Frame.SLDDRW		☐	☐	1/1
🔷	▲ Support_Frame.SLDASM		☑	☑	1/1
🔩	Binding Head Screw.SLDPRT		☐	☐	1/1
🔩	Flat Head Screw.SLDPRT		☐	☐	1/1
🔷	▲ Lower_Brace.SLDASM		☐	☐	2/2
🔲	◁ Brace_Corner.SLDDRW		☐	☐	2/2
🔷	Brace_Corner.SLDPRT		☐	☐	2/2
🔷	Brace_Cross_Bar.SLDPRT		☐	☐	1/1
🔲	◁ Plank.SLDDRW		☐	☐	1/1
🔷	Plank.SLDPRT		☐	☐	1/1
🔩	Square Nut.SLDPRT		☐	☐	1/1
🔲	◁ Support_Leg.SLDDRW		☐	☐	1/1
🔷	Support_Leg.SLDPRT		☐	☐	1/1

图 8-4 【检出】对话框

2. 启动编辑程序 当用户双击被检出的文件时，系统会根据文件的类型自动启动相应的应用程序（如 SOLIDWORKS、AutoCAD 等）以供编辑。

8.4 学习实例：文件版本

本实例将替换在 SOLIDWORKS 装配体中的零件，并新建 ECO 文件，记录需要修改的文件及在何处修改，并在 SOLIDWORKS 中按照需要进行修改。

操作步骤

　　步骤 1 登录 选取"ACME"库，用管理员的用户名称和密码登录。

　　步骤 2 找到会被"Knob, Burner"影响的文件 浏览"Projects\P-00002\CAD Files"文件夹，选取"Knob, Burner. SLDPRT"文件，单击【使用处】选项卡可以看到其所影响的文件的列表，如图 8-5 所示。

扫码看视频

类型	文件名称	警告	配置名称	数量	版本	检出者	检出于
	▾ Knob, Burner.SLDPRT			1	1/1		
	▾ Burner Panel Assembly.SLD...		-	3	1/1		
	▾ LP Gas Grill Assembly.SL...		-	1	1/1		
	LP Gas Grill Assembl...		-	1	1/1		

☑ 版本 : A ("") ▾　　　　　　　　　　　　　　　　　🔳 显示所有级别 ▾

🔳 《不显示配置》 ▾　　　　　　　　　　　　　　　　🔳 显示所有 ▾

图 8-5　"Knob，Burner. SLDPRT"文件所影响的文件列表

步骤 3　新建 ECO　打开"ECO"文件夹，单击右键并选择【新建】/【Create ACME ECO】。如图 8-6 所示，在 ECO 对话框的【ECO Info】选项卡中输入如下内容：

- Reason：Knob Replacement，Burner Panel Assembly。
- Disposition：Use Inventory。
- Special Notes：New Supplier。

核对【Impacts】选项：

- Bills of Materials。
- Documentation。

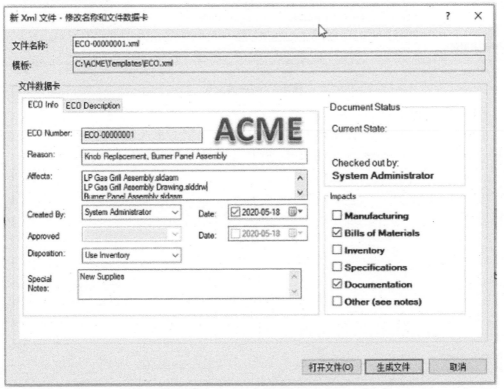

图 8-6　在 ECO 对话框中输入内容

对以下受到影响的文件做一个提示：

- LP Gas Grill Assembly. SLDASM。

- Burner Panel Assembly. SLDASM。
- LP Gas Grill Assembly Drawing. SLDDRW。

在【ECO Description】选项卡中输入"The existing Knob，Burner（CAD-00000057）is being replaced with Knob，Burner-Marked（CAD-00000056）for all burner panel assemblies."。

单击【打开文件】，结果如图 8-7 所示。

ACME Engineering Change Order

ECO Number:	ECO-00000001		☐ Manufacturing
Created By:	System Administrator		☑ Bills of Materials
Created On:	3/2/2020		☐ Inventory
Approved By:		ECO Impacts	☐ Specifications
Approved On:			☑ Documentation
Disposition:	Use Inventory		☐ Other (see below)
Special Notes:	New supplier		
Reason:	Knob Replacement, Burner Panel Assembly		
Affects:	LP Gas Grill Assembly.SLDASM Burner Panel Assembly.SLDASM LP Gas Grill Assembly Drawing.SLDDRW		
Description	The existing Knob, Burner (CAD-00000057) is being replaced with Knob, Burner - Marked (CAD-00000056) for all burner panel assemblies.		

图 8-7   打开的文件

关闭 ECO 文件。

步骤 4   以管理员身份处理 ECO   检入 ECO 文件然后更改状态，如图 8-8 所示添加评论"Please make changes as noted in the ECO"。检查登录并选择【OK】。

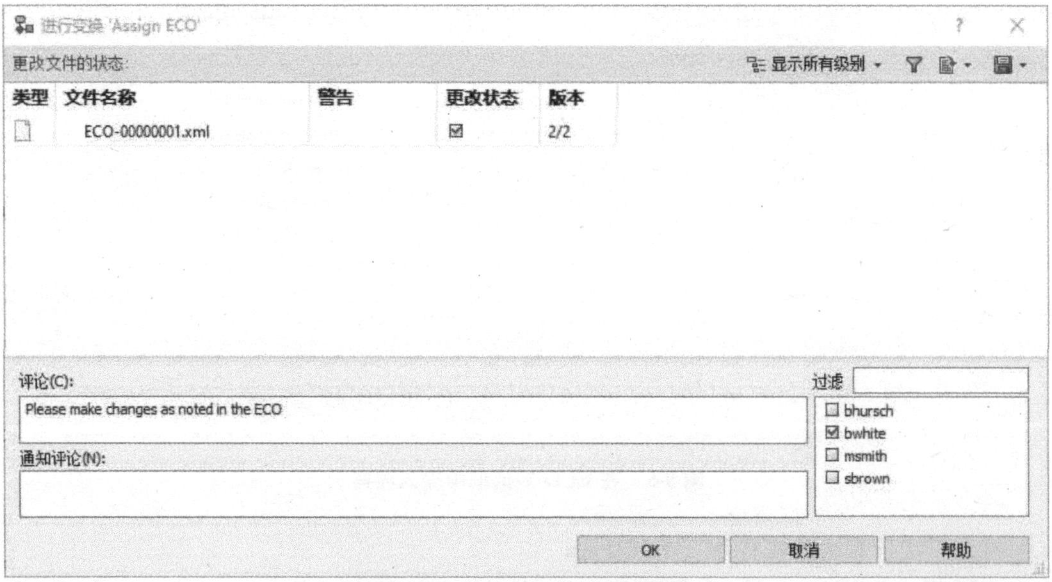

图 8-8   更改 ECO 文件的状态

浏览"Projects \ P-00002 \ CAD Files"文件夹。右键单击"LP Gas Grill Assembly. SLDASM"并选择【更改状态】/【New Release】,如图8-9所示。

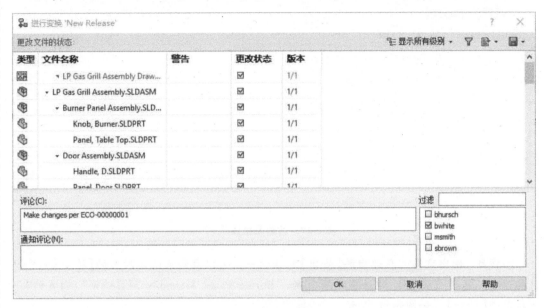

图8-9 变换新版本

核对"LP Gas Grill Assembly Drawing. SLDDRW""LP Gas Grill Assembly. SLDASM" "Burner Panel Assembly. SLDASM"。输入评论"Make changes per ECO-00000001",选择用户名并单击【OK】。

步骤5 切换用户 注销管理员账户并登录自己的账户。

步骤6 设置插件选项 启动 SOLIDWORKS,单击【工具】/【SOLIDWORKS PDM】/【选项】。切换至【查看设置】选项卡,根据表8-1进行设置。

表8-1 插件选项

显示信息	显示为树中 一个节点	在预览中显示	在其自身一个 列中显示	显示为文件 名称列的一部分
修订版	N	Y	N	N
版本号	N	Y	N	N
检出者	N	Y	N	N
检出于	N	Y	N	N
工作流程状态	N	Y	N	N
子快速信息	N	N	Y	N
配置	N	Y	N	Y(x)
说明	N	Y	N	N

根据图8-10所示设定背景颜色选项。

步骤7 以工程师身份处理 ECO 读取通知并审核 ECO 说明。打开 SOLIDWORKS,单击【文件】/【打开】,浏览到"Projects\P-00002\CAD Files"文件夹,选择"LP Gas Grill Assembly. SLDASM",单击【打开】。

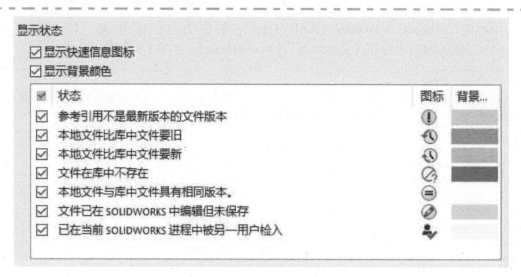

图 8-10　背景颜色选项

步骤 8　检出文件　在弹出的【检出】对话框中，可以看到装配体对应的【检出】列已被自动选中。选择【检出】对话框中所有与 "Burner Panel Assembly. SLDASW" 相关的列，然后单击【检出】，如图 8-11 所示。

类型	文件名称	警告	检出	获取	本地版本
🖼	◃LP Gas Grill Assembly Drawi...		☑	☑	2/2
🔲	◢ LP Gas Grill Assembly.SLDASM		☑	☑	2/2
🔲	◢ Burner Panel Assembly.SLD...		☑	☑	
🔲	Knob, Burner.SLDPRT		☐	☐	1/1
🔲	Panel, Table Top.SLDPRT		☐	☐	1/1
🔲	◢ Door Assembly.SLDASM		☐	☐	1/1
🔲	Handle, D.SLDPRT		☐	☐	1/1
🔲	Panel, Door.SLDPRT		☐	☐	1/1

图 8-11　【检出】对话框

步骤 9　更改设计　打开要编辑的 "Burner Panel Assembly" 装配体，修改装配体并且更换（使用 SOLIDWORKS【替换零部件】功能）"Knob, Burner" 零件为 "Knob, Burner-Marked" 零件，如图 8-12 所示。

图 8-12　更换 "Knob, Burner" 零件

保存对"Burner Panel Assembly"的更改，并关闭文件，"LP Gas Grill Assembly"会进行更新。打开"LP Gas Grill Assembly Drawing"工程图纸并更新。

注意任务窗格上发生的变化，如图 8-13 所示。

- 青色背景和图标 ⊘：表示"LP Gas Grill Assembly Drawing"工程图纸和"LP Gas Grill Assembly"装配体在当地缓存中已被修改，但是还没有被保存。
- 绿色背景和图标 ⏱：表示"Bracket"零件在当地缓存中的版本比在文件库中的版本要新。

步骤10　将更改保存到工程图纸中，可以看到所有更改已在任务窗格中反映。

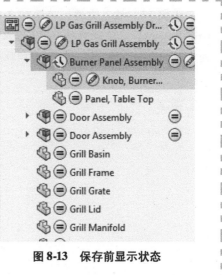

图 8-13　保存前显示状态

8.5　检入文件

修改并保存被检出的文件后，检入该文件，让其他有权限的用户也能使用该文件，如图 8-14 所示。

类型	文件名称	警告	检入	保持检…
🖾	◢ LP Gas Grill Assembly Drawing...		☑	☐
🗐	◢ LP Gas Grill Assembly.SLDAS...		☑	☐
🗐	◢ Burner Panel Assembly.SL...		☑	☐
🗐	Knob, Burner - Marked.S...		☐	☐
🗐	Panel, Table Top.SLDPRT		☐	☐
🗐	◢ Door Assembly.SLDASM		☐	☐
🗐	Handle, D.SLDPRT		☐	☐
🗐	Panel, Door.SLDPRT		☐	☐
🗐	Grill Basin.SLDPRT		☐	☐

图 8-14　【检入】对话框

知识卡片	检入文件	在 SOLIDWORKS 中检入文件的步骤： ● 在绘图区、任务窗格或者 FeatureManager 设计树上选择文件。 ● 右键单击选中的文件，选择【检入】，或者单击工具栏上的【检入】 🖾

提示　　　如果被检入的文件包含参考引用，文件的新版本会记住(在文件库的数据库中)所有参考文件所使用的版本，这样当要检索文件的早期版本时，检索到的所有参考文件的版本也和当初附加时的版本保持一致。

步骤11 检入文件 选取任务窗格上的【SOLIDWORKS PDM】选项卡。选择"LP Gas Grill Assembly"装配体并单击【检入】,选择【检入后关闭文件】,如图 8-15 所示,输入评论"completed changes per ECO-00000001"。

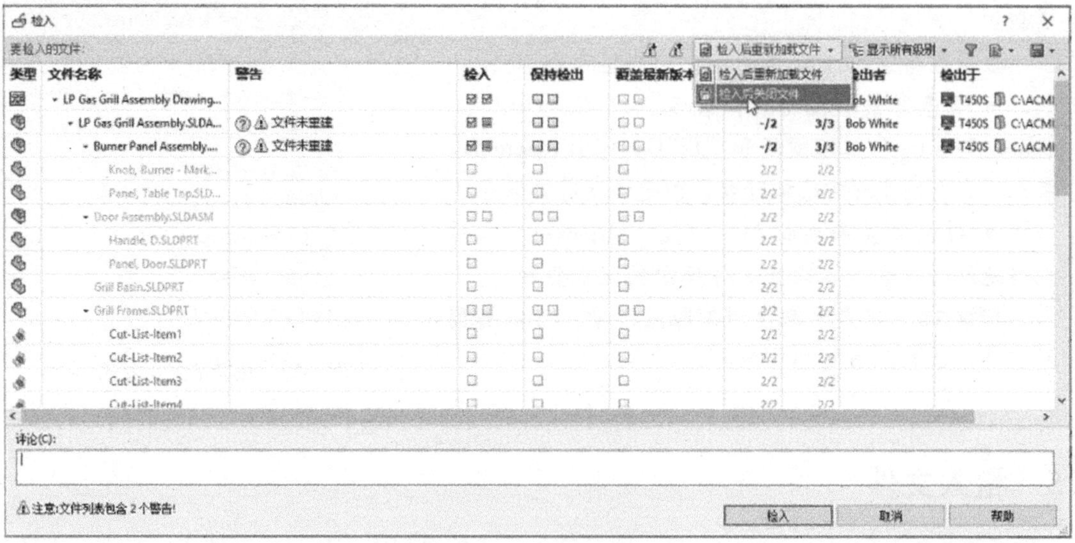

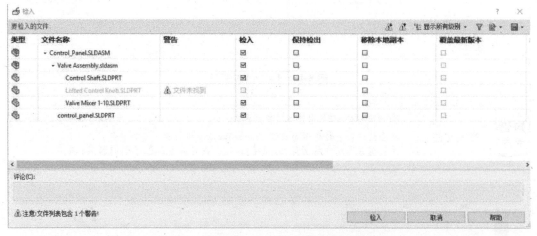

图 8-15 【检入】对话框

单击【检入】,完成操作。

当从 SOLIDWORKS PDM 文件库中获取文件时,此文件的副本将被保存在用户当地硬盘的工作目录或当地缓存中。因此,用户应该管理当地缓存并从当地缓存中清除那些不再需要的文件副本。

从当地缓存中移除文件有以下两种方式:

1)【移除本地副本】:此为【检入】对话框中的选项。

2)【清除当地缓存】:此为单独的命令。

8.6 移除本地副本

在【检入】对话框中,勾选【移除本地副本】复选框,如图 8-16 所示。

图 8-16 在【检入】对话框中移除本地副本

8.7 清除当地缓存

【清除当地缓存】可移除所有当地缓存文件，但不包括从所选文件夹及子文件夹中已检出的文件。

用右键单击一个文件夹，选择【清除当地缓存】（见图 8-17），或在文件夹视图区中选择一个文件夹，并单击【工具】/【清除当地缓存】。

8.8 文件版本的使用

当打开文件时，系统总是会先检索当地版本。如果没有文件的当地版本，系统才会到文件库中去检索最新的版本。

要检索装配体，用户必须使用【获取】命令检索装配体及其参考引用的正确版本。

要检索一个装配体及其零部件的最新版本，用户必须使用【获取最新版本】命令检索装配体及其参考引用。

> ⚠️ 注意   【检出】命令总是检索文件的最新版本，而不管文件是如何建立的。

有时对零件或子装配体的修改会影响父装配体或父装配体中的文件。通过镜像生成的零部件就是这样一个例子。

当在父装配体上进行编辑时，SOLIDWORKS PDM 会对用户的这些更改做出提醒，用一个警告信息显示出受影响文件的列表。

图 8-17 清除当地缓存

要更新装配体，需要检出并更新受影响的文件，然后再更新装配体以及修订变更版本。

步骤 12 打开装配体 在 SOLIDWORKS 中单击【文件】/【打开】，浏览文件夹 "Projects\P-00002\CAD Files"，选择文件 "LP Gas Grill Assembly. SLDASM"，然后单击【打开】。单击【取消】以只读模式打开装配体。

打开 "Burner Panel Assembly" 文件的最新版本，任务窗格中会显示文件的当前状态，如图 8-18 所示。

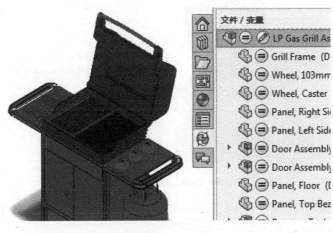

图 8-18 打开装配体

在任务窗格中，右键单击装配体"Burner Panel Assembly"，选择【获取】。选择版本 1，单击【确定】，如图 8-19 所示。

获取 C:\ACME\Projects\...\Burner Panel Assembly.SLDASM

选取您想获取的文件的版本。

版本	用户	日期	操作
3	Admin	2016-02-23 15:42:56	检入
2	Admin	2016-02-23 14:42:24	检入
1	Admin	2016-02-23 09:17:18	生成

图 8-19　选取版本

【获取】对话框里显示了将被找回的每个参考引用文件的版本（本例中，获取 2 个版本中的版本 1，标识为"版本 1/2"），如图 8-20 所示。

通过对话框顶部的菜单可以确定参考文件被获取的方式，可以获取参考引用的版本或最新版本。

获取

要获取的文件　　　　　　　　　　　　　　　　　　　　　　　　　　　　显示所有级别 ▼

类型	文件名称	警告	获取	本地...	版本	检出者	检出于
	⏷ Burner Panel Assembly.SLDASM		☑	3/3	1/3		
	Knob, Burner.SLDPRT		☑	2/2	1/2		
	Panel, Table Top.SLDPRT		☑	2/2	1/2		

图 8-20　【获取】对话框

单击【获取】完成原装配体文件的检索。"Burner Panel Assembly"装配体的状态可以在任务窗格中检索，如图 8-21 所示。

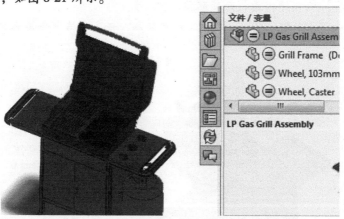

图 8-21　"Burner Panel Assembly"装配体的状态

右键单击装配体"Burner Panel Assembly"并选择【获取最新版本】。单击【获取】完成装配体最新版本的检索。

8.9　工作流程

设计更改完成之后，更改这些文件的状态并提交审核，然后使用管理员账户登录，批准审核完成 ECO。

步骤 13　提交审核　在 SOLIDWORKS 的任务窗格中，单击【更改状态】/【Submit for Review】，如图 8-22 所示。

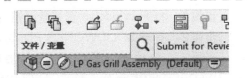

图 8-22　提交审核

"LP Gas Grill Assembly"已经审核过了，接下来审核"LP Gas Grill Assembly Drawing"和"Burner Panel Assembly"。

输入评论"design changes completed per ECO-00000001"并核对选择的管理者，如图 8-23 所示。

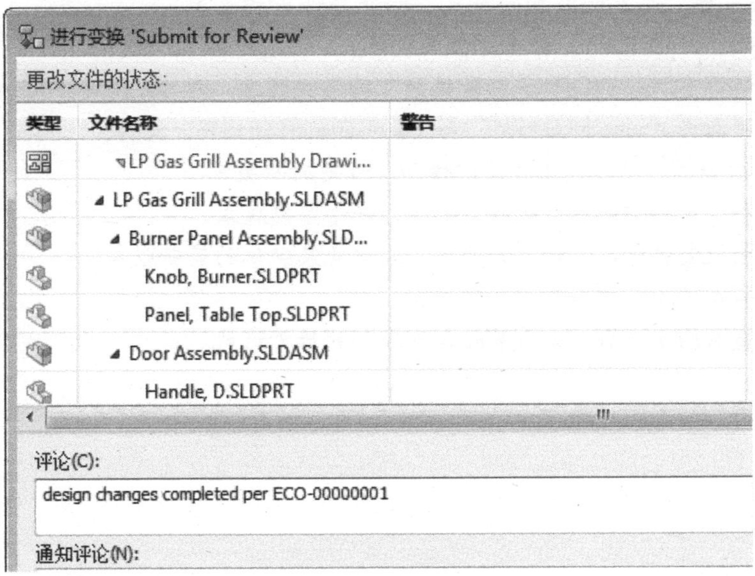

图 8-23　输入评论

单击【确定】完成状态更改，关闭 SOLIDWORKS。

步骤 14　批准变更并结束 ECO　注销工程师账户并登录相应的管理员账户，读取通知并删除。

浏览"Projects \ P-00002 \ CAD Files"文件夹，右键单击"LP Gas Grill Assembly. SLDASM"文件，并选择【更改状态】/【Release Documents】。

输入评论"Approved for release"，单击【OK】。

注意"LP Gas Grill Assembly"文件版本会自动修改递增到"B"。

转换操作可以把工程图纸创建为 PDF 文件，并放置在文件库的"root-level PDF"文件夹中。浏览到"ECO"文件夹，右键单击"ECO-00000001"并选择【更改状态】/【Complete ECO】。单击【OK】完成。

练习　修改并生成 SOLIDWORKS 文件版本

本练习中将修改 SOLIDWORKS 文件版本并生成新版本。

操作步骤

步骤1　打开 Windows 资源管理器

步骤2　登录 SOLIDWORKS PDM　使用老师指派的用户名称及密码登录。

步骤3　启动 SOLIDWORKS 并加载插件　启动 SOLIDWORKS 应用程序并加载 SOLIDWORKS PDM 插件。确定【SOLIDWORKS PDM】选项卡显示在任务窗格上。

步骤4　修订 SOLIDWORKS 零件及工程图的版本　在 SOLIDWORKS 中进入 "Legacy Designs \ PRJ-XXXXXX \ Tool Vise" 文件夹，并打开 "tool holder. SLDPRT" 零件，如图 8-24 所示。检出零件。在表面添加一个孔。打开并检出相关工程图（tool holder. SLDDRW）。保存并检入文件。

图 8-24　tool holder 零件

步骤5　修订 SOLIDWORKS 装配体及工程图的版本　在 SOLIDWORKS 中打开 "Tool Vise" 文件夹并打开 "vise. SLDASM" 和 "tool vise. SLDDRW" 文件。

执行必要的操作，更新并生成装配体和工程图的新版本。

步骤6　获取早期的版本　获取装配体的一个早期版本。

步骤7　获取最新版本　检出装配体，获取此装配体的最新版本。

步骤8　撤消检出　撤消装配体的检出。

步骤9　查看历史记载　查看装配体和零件的历史记载。

附录　材料明细表的使用

学习目标
- 修改和激活计算材料明细表
- 创建并修改命名材料明细表
- 检入材料明细表
- 比较材料明细表

材料明细表是 SOLIDWORKS 装配体、工程图或焊件的组成零部件列表。

SOLIDWORKS PDM 材料明细表的类型包括：

1）计算材料明细表。

2）命名材料明细表。

3）SOLIDWORKS 材料明细表。

4）焊件材料明细表。

5）焊件切割清单。

可参照附表 1 选择需要的材料明细表。

附表 1　材料明细表

类型	用　途	是否在材料明细表视图中编辑	是否提交工作流程
计算材料明细表	在 SOLIDWORKS 设计树中添加、删除和修改参考引用 在 SOLIDWORKS 自定义属性中或者 SOLIDWORKS PDM 中调整属性值 只有 SOLIDWORKS PDM 的系统管理员才可以添加、删除或者修改列	可进行一些微小编辑（覆盖参数，调整数据卡属性）	否
CAD	在 SOLIDWORKS 材料明细表中添加、删除和修改参考引用 在 SOLIDWORKS 材料明细表中调整属性值 在 SOLIDWORKS 材料明细表中添加、删除或者修改列	否	否
命名材料明细表	在材料明细表视图中添加、删除和修改参考引用 在材料明细表视图中调整属性值 在材料明细表视图中添加、删除或者修改列	是，但是缺少 Excel 相关功能（如求和）	是
Excel	Excel 相关功能（如求和）支持当前客户的方法	否	否

附录 A　更改计算材料明细表

计算材料明细表列出了 SOLIDWORKS 装配体或工程图中的零件和子装配体。每次查看时都会重新计算。如果检入更改过的装配体，或者选择不同的版本或配置项，当再次查看时，计算材料明细表都会即时自动更新。

计算材料明细表可以反映 SOLIDWORKS 文件中的排除项，在材料明细表中排除的组件以及不在子装配体下的子组件不会显示。

在计算材料明细表中，用户可以检出所选项，并修改它们的数据值。当检入装配体文件时，计算材料明细表会更新，如果在计算材料明细表中编辑属性或数量，保存后会自动更新，但不可以进行以下操作：

1）在计算材料明细表中增加项。

2）检入或检出计算材料明细表。

3）在工作流程中使用计算材料明细表。

> **提示** 查看计算材料明细表需要系统管理员授予相应的访问权限。

> **重要** 当选择【最新】时，用户只能编辑一个计算材料明细表。如果材料明细表使用【如原样】设置，则不允许手动编辑，如附图1所示。

编辑并保存计算材料明细表的步骤如下：

1）检出用于生成材料明细表的装配体。

2）在文件视图区的【材料明细表】选项卡上，选择【计算材料明细表】，并调整属性值。

3）单击【保存材料明细表】，再选择【保存】。

附图1 材料明细表使用状态

为多个配置项重新生成计算材料明细表的步骤如下：

1）在文件视图区单击一个文件，切换至【材料明细表】选项卡，打开一个材料明细表。

2）从【配置】列表中选取一个配置。

3）可以用一个新名称保存材料明细表。

附录 B 更改计算材料明细表的数量

SOLIDWORKS PDM 会将参考引用保存到数据库中，包括以下属性：

- 参考引用计数（所计算的数量），此数目在计算材料明细表中会被覆盖。
- 参考引用属性，如所选变量的值。

在检出相关的装配体后，用户可以编辑显示在计算材料明细表中的参考变量。

> **提示** 系统管理员可以改变材料明细表中参考引用计数列的名称，但需要找到表示零件数量或者被其他参考引用变量的栏目。

编辑计算材料明细表的数量列的步骤如下：

1）检出用于生成计算材料明细表的装配体。

2）在计算材料明细表中，单击数量列中的单元格，然后改变该数量的值。

3）保存材料明细表。

在计算材料明细表中重设数量的步骤如下：

1）检出用于生成计算材料明细表的装配体。

2）修改材料明细表中的数量值。

3）右键单击一个已经被修改的数量值，然后选择【使用计算材料明细表】。

4）保存材料明细表。

附录 C　激活计算材料明细表

在材料明细表视图中显示计算材料明细表的步骤为：从装配体或工程图的【材料明细表】选项卡中选择【计算材料明细表】，再选择【激活】，如附图 2 所示。

附图 2　激活计算材料明细表

 提示　　激活计算材料明细表需要系统管理员授予相应的权限。

附录 D　学习实例：更改计算材料明细表

本实例将阐述如何在计算材料明细表中更改属性值。

扫码看视频

操作步骤

步骤 1　更改零件的描述和数量　选取"ACME"库，以项目经理身份登录。浏览文件夹"Projects\P-00004\CAD Files\Support Frame"，检出"Support_Frame. SLDASM"装配体和"Square Nut. SLDPRT"零件。选择"Support_Frame. SLDASM"文件，切换至【材料明细表】选项卡，选择【最新项】查看更改，如附图 3 所示。将"Square Nut"改为"Square Leg"。修改数量，将"8"改为"12"，如附图 4 所示。

附图 3　选择【最新项】

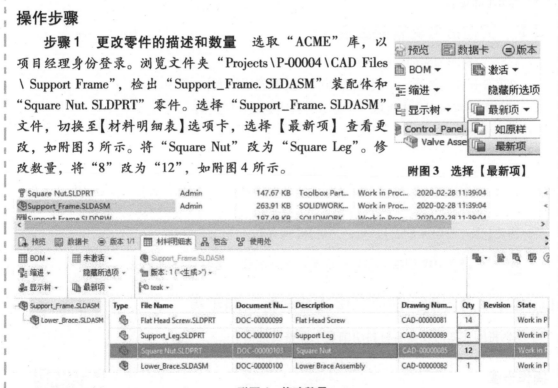

附图 4　修改数量

步骤 2　重设数量　右键单击修改的数量，然后选择【使用计算的数量(8)】，单击【保存材料明细表】，并选择【保存】。检入装配体和零件。

附录 E　创建命名材料明细表

使用 SOLIDWORKS PDM 专业版可以把计算材料明细表和 SOLIDWORKS 材料明细表保存为

命名材料明细表，创建一份装配体或工程图的材料明细表快照。可以检入和检出命名材料明细表，修改属性值以及向材料明细表中添加项。例如，可以向命名材料明细表中添加名为"橡胶料"的项，即使在 SOLIDWORKS 原装配体中并不包含该项。

命名材料明细表具有与创建它的材料明细表同样的列，可以作为一个独立的文件来处理。如果装配体或装配体的材料明细表表格被更新，命名材料明细表也需要被更新，以反映更改信息。

用户可以使用命名材料明细表来保存装配体的一个具体的配置或布局，或者用一个特殊的格式保存一个材料明细表。

用户还可以在工作流程中使用命名材料明细表。例如，SOLIDWORKS PDM 系统管理员可以将工作流程设置在生命周期中的各阶段，将材料明细表交给产品组不同成员进行查看和核准。

将计算材料明细表或 SOLIDWORKS 材料明细表保存为命名材料明细表的步骤如下：

1）选取一个【计算材料明细表】▤或【SOLIDWORKS 材料明细表】▦。

2）单击【保存材料明细表】▤▾，并选择【另存为】。

3）保存时，采用默认路径或选择一个新路径。

4）输入材料明细表的名称。

5）单击【确定】。

附录 F　调整命名材料明细表

调整命名材料明细表的步骤如下：

1）在文件视图区选择一个装配体，切换至【材料明细表】选项卡。

2）从材料明细表列表中选取一个命名材料明细表(▤或▦)。

3）单击【检出】▤。

4）编辑：

● 要编辑一个值，在该值所在的单元格上单击。

● 可以进行添加行、隐藏行、添加列、隐藏列、修改列、增加位置号以及更新材料明细表等操作。

5）单击【保存材料明细表】▤▾，并选择【保存】。

 SOLIDWORKS PDM 标准版不允许创建命名材料明细表。

附录 G　学习实例：创建和修改命名材料明细表

本实例将阐述如何在命名材料明细表中调整属性值。

操作步骤

步骤 1　创建一个命名材料明细表　选取"ACME"库并以项目经理的身份登录。浏览"Projects\P-00002\CAD Files"文件夹，选取"LP Gas Grill Assembly. SLDASM"，切换至【材料明细表】选项卡。

确保所选择的材料明细表类型为【MGR-BOM】。单击【保存材料明细表】▤▾，选择【另存为】，输入"LP Gas Grill Assembly-BOM-MOD"作为文件名并单击【保存】，如附图 5 所示。

扫码看视频

Type	File Name	Document Nu...	Description	Number	QTY	State	Material
	LP Gas Grill Assembly.SLDASM	DOC-00000219	LP Gas Grill Assembly	CAD-00000187	1	Work in Process	N/A
	Panel, Table Top.SLDPRT	DOC-00000225	Meat Tray	CAD-00000193	1	Work in Process	AISI 316 Stainless Steel Sheet (SS)
	Wheel, 103mm.SLDPRT	DOC-00000232	Wheel, 103mm	CAD-00000200	2	Work in Process	NEOPRENE
	Grill Basin.SLDPRT	DOC-00000207	Grill Basin	CAD-00000175	1	Work in Process	Gray Cast Iron
	Grill Manifold.SLDPRT	DOC-00000212	Grill Manifold	CAD-00000180	1	Work in Process	6061 Alloy
	Panel, Left Side.SLDPRT	DOC-00000222	Panel, Left Side	CAD-00000190	1	Work in Process	AISI 316 Stainless Steel Sheet (SS)
	Propane Tank Assembly.SLDASM	DOC-00000227	Propane Tank Assembly	CAD-00000195	1	Work in Process	N/A
	Valve Guard.SLDPRT	DOC-00000231	Valve Guard	CAD-00000199	1	Work in Process	Alloy Steel (SS)
	Propane Valve Assembly.SLDASM	DOC-00000228	Propane Valve Assembly	CAD-00000196	1	Work in Process	N/A
	Knob, Gas Valve.SLDPRT	DOC-00000217	Knob, Gas Valve	CAD-00000185	1	Work in Process	Cast Alloy Steel
	Valve Body.SLDPRT	DOC-00000230	Valve Body	CAD-00000198	1	Work in Process	Brass
	Tank Body.SLDPRT	DOC-00000229	Tank Body	CAD-00000197	1	Work in Process	Alloy Steel (SS)
	Grill Frame.SLDPRT	DOC-00000208	Grill Frame	CAD-00000176	1	Work in Process	AISI 304
	Burner Panel Assembly.SLDASM	DOC-00000204	Burner Panel Assembly	CAD-00000172	1	Work in Process	N/A
	Panel, Table Top.SLDPRT	DOC-00000225	Burner Tray	CAD-00000193	1	Work in Process	AISI 316 Stainless Steel Sheet (SS)
	Knob, Burner.SLDPRT	DOC-00000216	Knob, Burner	CAD-00000184	3	Work in Process	PE Low/Medium Density
	Grill Grate.SLDPRT	DOC-00000209	Grill Grate	CAD-00000177	1	Work in Process	Cast Stainless Steel
	Handle, Cart.SLDPRT	DOC-00000213	Handle, Cart	CAD-00000181	2	Work in Process	ABS PC
	Panel, Rear.SLDPRT	DOC-00000223	Panel, Rear	CAD-00000191	1	Work in Process	Alloy Steel
	Grill Grate.SLDPRT	DOC-00000209	Grill Grate	CAD-00000177	1	Work in Process	Cast Stainless Steel
	Wheel, Caster.SLDPRT	DOC-00000233	Wheel, Caster	CAD-00000201	2	Work in Process	POLYURETHANE (11671)
	Panel, Right Side.SLDPRT	DOC-00000224	Panel, Right Side	CAD-00000192	1	Work in Process	AISI 316 Stainless Steel Sheet (SS)
	Door Assembly.SLDASM	DOC-00000205	Door Assembly	CAD-00000173	2	Work in Process	N/A
	Panel, Door.SLDPRT	DOC-00000220	Panel, Door	CAD-00000188	1	Work in Process	AISI 316 Stainless Steel Sheet (SS)

附图 5　创建命名材料明细表

步骤 2　修改列　选择【State】列，单击右键并选择【隐藏列】。

选择【Description】列，单击右键并选择【插入】/【列（在右）】，进行附图 6 所示设置。

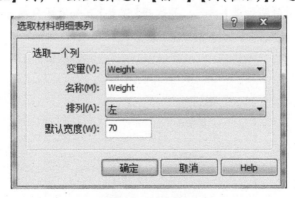

附图 6　插入新列

①设置【变量】为 "Weight"。

②设置【名称】为 "Weight"。

③设置【默认宽度】为 "70"。

单击【确定】。

选择材料明细表的最后一行，单击右键并选择【插入】/【行(在下)】。在新的一行的【File Name】中输入"Lubricant"；在【Document Number】中输入"PUR-98-347"；在【QTY】中输入"－"；在【Description】中输入"SAE 75W-140"。

步骤3　保存材料明细表并添加位置数据　单击【保存材料明细表】 🗈▾，然后选择【保存】，如附图7所示（在保存时【Weight】列将会自动填入数据）。

Type	File Name	Document Nu...	Description	Weig...	Drawing Num...	QTY	Material
🗋	Valve Body.SLDPRT	DOC-00000328	Valve Body	0.41	CAD-00000303	1	Brass
🗋	Tank Body.SLDPRT	DOC-00000327	Tank Body	18.64	CAD-00000302	1	Alloy Steel (SS)
🗋	Grill Frame.SLDPRT	DOC-00000336	Grill Frame	0.29	CAD-00000311	1	AISI 304
🗋	Burner Panel Assembly.SLDASM	DOC-00000332	Burner Panel Assembly	17.70	CAD-00000307	1	N/A
🗋	Panel, Table Top.SLDPRT	DOC-00000323	Panel, Table Top	17.25	CAD-00000298	1	AISI 316 Stainless Steel Sheet (SS)
🗋	Knob, Burner - Marked.SLDPRT	DOC-00000343	Knob, Burner - Marked	0.15	CAD-00000318	3	PE Low/Medium Density
🗋	Grill Grate.SLDPRT	DOC-00000337	Grill Grate	10.78	CAD-00000312	1	Cast Stainless Steel
🗋	Handle, Cart.SLDPRT	DOC-00000341	Handle, Cart	1.19	CAD-00000316	2	ABS PC
🗋	Panel, Rear.SLDPRT	DOC-00000321	Panel, Rear	4.91	CAD-00000296	1	Alloy Steel
🗋	Grill Grate.SLDPRT	DOC-00000337	Grill Grate	10.78	CAD-00000312	1	Cast Stainless Steel
🗋	Wheel, Caster.SLDPRT	DOC-00000331	Wheel, Caster	0.126	CAD-00000306	2	POLYURETHANE (11671)
🗋	Panel, Right Side.SLDPRT	DOC-00000322	Panel, Right Side	3.50	CAD-00000297	1	AISI 316 Stainless Steel Sheet (SS)
🗋	Door Assembly.SLDASM	DOC-00000333	Door Assembly	2.24	CAD-00000308	2	N/A
🗋	Panel, Door.SLDPRT	DOC-00000348	Panel, Door	2.09	CAD-00000323	1	AISI 316 Stainless Steel Sheet (SS)
🗋	Handle, D.SLDPRT	DOC-00000342	Handle, D	0.15	CAD-00000317	1	Chrome Stainless Steel
🗋	Grill Lid.SLDPRT	DOC-00000339	Grill Lid	73.34	CAD-00000314	1	Gray Cast Iron
🗋	Panel, Floor.SLDPRT	DOC-00000319	Panel, Floor	5.79	CAD-00000294	1	AISI 316 Stainless Steel Sheet (SS)
🗋	Panel, Top Bezel.SLDPRT	DOC-00000324	Panel, Top Bezel	1.25	CAD-00000299	1	AISI 316 Stainless Steel Sheet (SS)
🗋	Lubricant	PUR-98-347	SAE 75W-140				

上方工具栏：📄 预览　📑 数据卡　◉ 新本 4/4　▦ 材料明细表　🔧 包含　🔍 使用处
LP Gas Grill Assembly-BOM-MOD ▾　　LP Gas Grill Assembly.SLDASM
版本：1("<生成>") ▾　　☑ 版本：8(")
Default

附图7　修改后的材料明细表

单击【位置号】 ☝, 设置【开始于】为"1"，并且设置【增量】为"1"(见附图8)，单击【确定】。单击【保存材料明细表】 🗈▾，并选择【保存】，如附图9所示。

单击【检入】🖐，输入一个评论并单击【确定】。

附图8　【位置号】对话框

附图 9　增加位置号后的材料明细表

附录 H　比较材料明细表

　　用户可以在【材料明细表】选项卡上对一个文件的多个材料明细表或一个材料明细表的多个版本进行比较，材料明细表比较的结果可以输出为一个".csv"文件。

　　当用户对两个材料明细表进行比较时，两者共有的部分会显示在材料明细表比较结果中，不同之处会用不同颜色来标识。

- 绿色：表示增加的列或行。
- 橙色：表示在同一格上的不同值。
- 红色：表示删除的列或行。

在【材料明细表】选项卡上单击【比较】，【材料明细表】选项卡上的工具栏选项会重新排列。左侧栏显示材料明细表、版本和配置，它们是比较的来源，该信息为只读；中间栏表明您要选择的材料明细表、版本和配置；在右侧栏中【比较】按钮会变为 关闭比较。

比较两个材料明细表的步骤为：

1）从【材料明细表】选项卡的【材料明细表】下拉列表中选取一个材料明细表。

2）从【版本】下拉列表中选取一个版本。

3）根据需要，还可以从【配置】下拉列表中选取一个配置。

4）单击【关闭比较】，从材料明细表比较结果返回到原先的材料明细表。

要了解更多知识，可以参考【SOLIDWORKS PDM 帮助】中的【使用材料明细表】内容。

步骤 4　比较材料明细表　进入文件夹 "Projects\P-00002\CAD Files"，选择文件 "LP Gas Grill Assembly.SLDASM"，然后切换至【材料明细表】选项卡，单击【比较】。从材料明细表下拉菜单中选取 "LP Gas Grill Assembly-BOM-MOD"，如附图 10 所示。

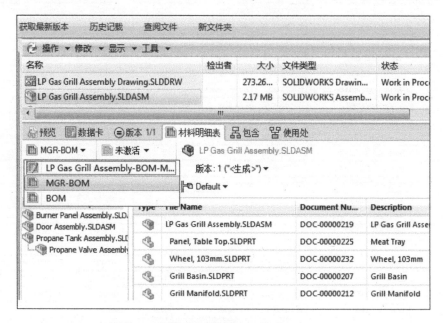

附图 10　选择材料明细表

【版本】选择下拉列表中的第 2 项，如附图 11 所示。

比较结果中橙色部分表示两者的不同值，并以红色显示 "Lubricant" 栏、位置号列和重量列，如附图 12 所示。

单击【关闭比较】，结束比较。

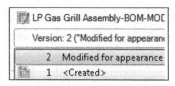

附图 11　选择版本

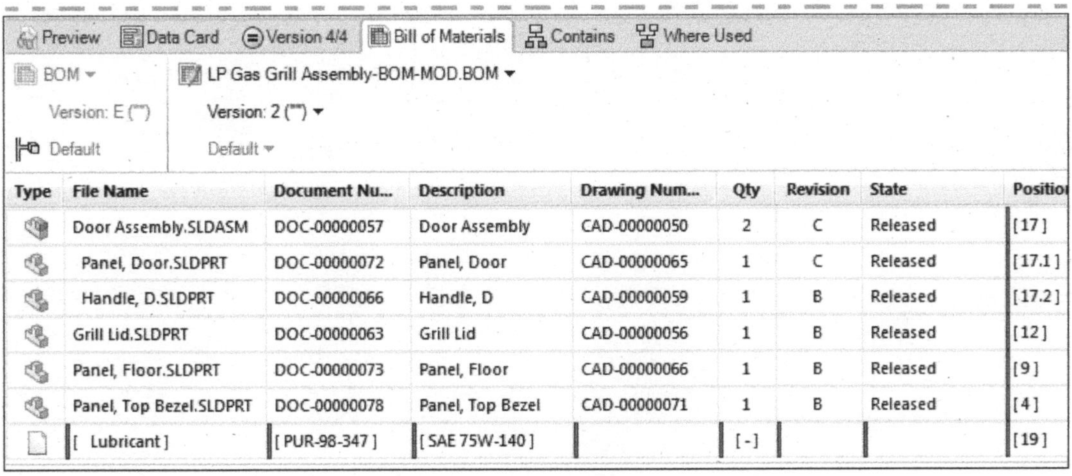

Preview　Data Card　Version 4/4　Bill of Materials　Contains　Where Used

BOM ▼　　　LP Gas Grill Assembly-BOM-MOD.BOM ▼

Version: E ("")　　Version: 2 ("") ▼

Default　　　Default ▼

Type	File Name	Document Nu...	Description	Drawing Num...	Qty	Revision	State	Position
	Door Assembly.SLDASM	DOC-00000057	Door Assembly	CAD-00000050	2	C	Released	[17]
	Panel, Door.SLDPRT	DOC-00000072	Panel, Door	CAD-00000065	1	C	Released	[17.1]
	Handle, D.SLDPRT	DOC-00000066	Handle, D	CAD-00000059	1	B	Released	[17.2]
	Grill Lid.SLDPRT	DOC-00000063	Grill Lid	CAD-00000056	1	B	Released	[12]
	Panel, Floor.SLDPRT	DOC-00000073	Panel, Floor	CAD-00000066	1	B	Released	[9]
	Panel, Top Bezel.SLDPRT	DOC-00000078	Panel, Top Bezel	CAD-00000071	1	B	Released	[4]
	[Lubricant]	[PUR-98-347]	[SAE 75W-140]		[-]			[19]

附图12　比较后的材料明细表